天文宇宙検定

公式テキスト

2023・2024年版

天文宇宙検定委員会 編

銀河博士

2級

恒星社厚生閣

天文宇宙検定 とは

　科学は本来楽しいものです。楽しさは、意外性、物語性、関係性、歴史性、予言力、洞察力、発展性などが、具体的なものを通じて語られる必要があります。そして何よりも、それを伝える人が楽しまなければなりません。人と人が接し合って伝え合うことの大切さを見直してみる必要があるでしょう。

　宇宙とか天文は、科学をけん引していく重要な分野です。天文宇宙検定は、単に知識の有無を検定するのではなく、「楽しく」、「広がりを持つ」、「考えることを通じて何らかの行動を起こすきっかけをつくる」検定でありたいと願っています。

　個人の楽しみだけに閉じず、多くの市民に広がり、生きた科学に生身で接する検定を目指しておりますので、みなさまのご支援をよろしくお願いいたします。

総合研究大学院大学名誉教授

池内　了

天文宇宙検定

CONTENTS

9 人類の宇宙進出と宇宙工学

10 宇宙における生命

宇宙七不思議

© 池下章裕

©NASA/CXC

はくちょう座 X－1 のブラックホールは、太陽の
約 10 倍の質量をもった典型的なブラックホール
だ。伴星の外層大気を引きずり出し、吸い込む
ガスが超高温になって、強い X 線を放出している。
右上はチャンドラ X 線衛星で撮影した画像。色
が白いほど X 線が強く放出されている。

ブラックホール天体アラカルト

ブラックホールは真っ黒くて見えない、ブラックホールは何でも吸い込む、これがブラックホールの"常識"だろう。ところが実際に発見されているブラックホールは、しばしば光り輝いているし、高温のプラズマガスを吹き出している（プラズマジェット）。ブラックホールは"非常識"なのだ。さらに闇夜のカラスも背後から光で照らせばシルエットが見えるように、ブラックホールシャドウと呼ばれる影絵が観測された。これがブラックホールの"超常識"である。例外もあるが、ほとんどの銀河の中心には、太陽質量（☞用語集）の 10^5 から 10^{10} 倍程度の超大質量ブラックホールが存在していると考えられている（☞6章コラム）。活発に活動しているブラックホールを有する銀河は、活動銀河と呼ばれ、光速に近い速度のプラズマ粒子をジェット状に吹き出しているものもある。

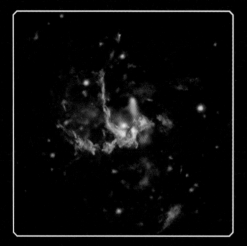

いて座 A*

天の川銀河の中心領域の合成画像。青色は大規模電波干渉計 VLA で撮像した電波画像で、紫色はチャンドラ X 線衛星で撮像した X 線画像。電波で見えているものは銀河系中心近傍の低温ガスで、銀河系中心へ落ち込みつつあるようにもみえる。X 線で見えているものは非常に高温のガスで、銀河系中心から吹き出しているジェット状の構造もある。天の川銀河の中心には太陽の約 400 万倍の質量をもつ巨大ブラックホールがある。©NASA/CXC/UCLA/NRAO/VLA

わし座の特異星 SS433

大型電波干渉計 VLA で撮像した SS433 の電波画像。左右に、ねじのような形でジェットが噴出していることがわかる。特異星 SS433 は、約 10 太陽質量のブラックホールと青色超巨星（☞用語集）が、約 13.1 日の周期で公転している連星。ブラックホールの周辺には高温ガス円盤が形成されていて、円盤から垂直方向に 2 本の高温プラズマジェットが吹き出している。さらに、ガス円盤は約 162 日の周期で、ゆっくりと歳差運動しており、その歳差運動に伴って、ジェットの吹き出す方向も変化する。ジェットのガス塊自体は直線的に飛んでいるが、ある瞬間のスナップショットを見ると、電波画像のようにコルク抜きのようなパターンに見える。この SS433 ジェットの速度は、なんと光速の 26% にものぼることがわかっている。©NRAO/VLA

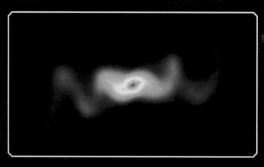

銀河の中でも非常に明るい銀河の核

活動銀河中心核 AGN
(Active Galactic Nuclei)

- クェーサー
  （遠方にあって非常に明るい）
  - 電波が強い
  - 電波が弱い
- セイファート銀河
  （近傍にある。クェーサーより暗い。電波が弱い）
  - I 型　スペクトルを見ると広がった成分が見られる
  - II 型　スペクトルを見ると広がった成分が見られない
- 電波銀河
  （近傍にある。クェーサーより暗い。電波が強い）
  - I 型　スペクトルを見ると広がった成分が見られる
  - II 型　スペクトルを見ると広がった成分が見られない

アンテナ銀河と超光度X線源ULX

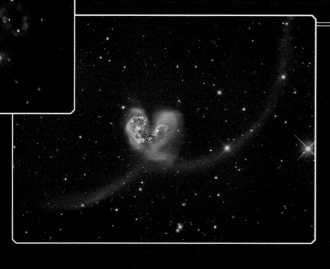

アンテナ銀河 NGC 4038-4039（右）と、その中心領域（左）。右は可視光画像で、左はチャンドラX線衛星が撮像したX線画像。アンテナ銀河は、からす座の方向、約6000万光年の距離にあり、可視光画像からわかるように2つの渦巻銀河が衝突中で、それぞれの銀河から流された尾がまるでアンテナ（昆虫の触覚）のように見える。一方、X線画像で白く光る点は、超光度X線源ULXと呼ばれる天体。おそらくこれらULXすべてが、ガスを吸い込みながら光っているブラックホール天体と考えられる。それらの質量については、太陽の10倍程度なのか、数百倍から数千倍もあるのか、いまだ決着していない。
左：©Star Shadows Remote Observatory and PROMPT/CTIO/NASA/CXC
右：©NASA

EHTが世界で初めて撮影に成功した ブラックホールシャドウ

イベント・ホライズン・テレスコープ（EHT）が観測した、おとめ座銀河団の中心にある巨大楕円銀河M 87のさらに中心にある超大質量ブラックホールのブラックホールシャドウ。ブラックホールが周辺の光を曲げる効果によって明るいリングの内側に真っ暗な「影」の領域ができる。ブラックホールから光さえも逃げ出すことができなくなる「事象の地平面」はこの影の内側にある。このデータから、M 87のブラックホールの質量は太陽の65億倍と見積もられた。リングの形状からブラックホール周囲の構造がわかる。M 87は光速に近いスピードで超高エネルギーの粒子を中心から噴出するジェットをもつことが知られており、そのしくみを解明する手がかりになるかもしれない。© EHT Collaboration

クェーサー 3C353

クェーサー 3C353 の合成画像。オレンジ色は大規模電波干渉計VLAで撮像した電波画像で、紫色はチャンドラX線衛星で撮像したX線画像。電波で見えているものは、クェーサー 3C353 の左右に広がる比較的エネルギーの高いガスであり、これらはシンクロトロン放射（☞用語集）で放出されている。X線では、非常に高いエネルギーをもつガスがクェーサー中心から左右の双方向にジェット状に吹き出している構造が見えており、電波で見られる広がりを形成している。

宇宙のはじまりの前はどうなっていた？

ポイント 宇宙は約138億年前に、非常に小さな高温で高圧の火の玉状態で誕生した。宇宙は誕生以来ずっと膨張し続けていて、その長い長い年月の間に、星々や太陽系や生命を生み出し、現在ではほぼ無限に広がっている。時間と空間も宇宙誕生と同時に存在するようになったので、宇宙のはじまりの前というもの自体がない。

▶ **10万倍ごとアップ**
10m：大きな生物
10^6m：日本の長さ
1.5×10^{11}m
　＝1au（天文単位）
　：地球軌道の大きさ
0.95×10^{16}m
　＝1光年：星々の間隔
10万光年：天の川銀河
100億光年：観測できる宇宙

1 宇宙とその広がり

　宇宙は、実に様々なもので満ち溢れている。身の周りの世界の事物は原子や分子と呼ばれる非常に微小な粒子が大量に組み合わさってできている。そして非常に大量の物質が集まって、惑星や太陽のような星々を形作っている（☞2章、3章、4章、5章）。太陽のような星々が何千億個も集まって銀河と呼ばれる巨大な天体になっている（☞6章）。そのような銀河が宇宙全体に何千億個も散らばって分布している（☞7章）。さらにダークマター（暗黒物質）やダークエネルギー（☞7章）と呼ばれる、謎に包まれた存在もあることがわかっている。宇宙には、様々なスケールで様々な天体が存在し、相互に関連しつつ複雑な階層構造をなしているのだ。

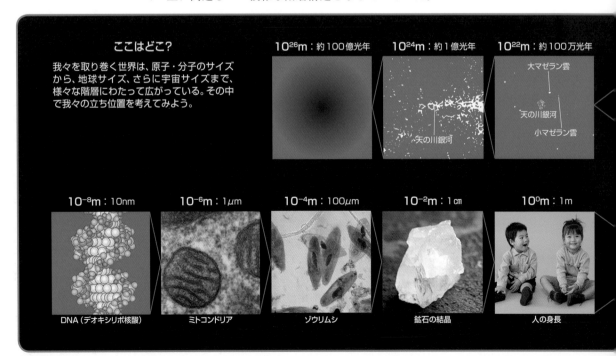

ここはどこ？

我々を取り巻く世界は、原子・分子のサイズから、地球サイズ、さらに宇宙サイズまで、様々な階層にわたって広がっている。その中で我々の立ち位置を考えてみよう。

10^{26}m：約100億光年

10^{24}m：約1億光年
天の川銀河

10^{22}m：約100万光年
大マゼラン雲
天の川銀河
小マゼラン雲

10^{-8}m：10nm
DNA（デオキシリボ核酸）

10^{-6}m：1μm
ミトコンドリア

10^{-4}m：100μm
ゾウリムシ

10^{-2}m：1cm
鉱石の結晶

10^0m：1m
人の身長

図表 1-1 100倍ずつスケールアップしていくと……

図表 1-2　宇宙の階層構造

サイズ	典型的な物体・天体
10^{-10}m（1Å）	水素原子の半径（5×10^{-11}m）、水分子の原子間距離（〜1Å）
10^{-8}m（10nm）	ウイルス、有機分子、C60
10^{-6}m（1μm）	赤血球（〜7.5μm）、ミトコンドリア（〜1μm）など
10^{-4}m（0.1mm）	ゾウリムシ（〜3×10^{-4}m）
10^{-2}m（1cm）	センチサイズ：岩石、鉱物、雪の結晶
1m	ヒトサイズ：ここでやっと人の大きさだ
10^2m	建物サイズ：野辺山電波望遠鏡の口径（45m）
10^4m	山サイズ：富士山（＝標高3776m）、日本海溝、中性子星（☞5章）
10^6m	地球サイズ：地球（＝半径約6378km）、白色矮星（☞5章）
10^8m	星サイズ：太陽（＝半径約70万km）
10^{10}m	天文単位スケール：太陽と地球の距離（＝1天文単位＝15×10^{10}m）
10^{12}m	太陽系サイズ：冥王星の軌道半径（〜40天文単位〜6×10^{12}m）
10^{14}m	太陽系外縁サイズ：エッジワース・カイパーベルト、オールトの雲
10^{16}m（〜1光年）	星間スケール：星々の平均的な間隔（〜1光年＝9.46×10^{15}m）
10^{18}m（100光年）	星団サイズ：巨大分子雲、星団（数光年〜10光年）
10^{20}m（1万光年）	銀河サイズ：天の川銀河（〜10万光年）
10^{22}m（100万光年）	銀河団サイズ：銀河団
10^{24}m	（1億光年）大規模構造サイズ
10^{26}m	（100億光年）宇宙サイズ：観測できる宇宙サイズ

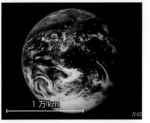

地球

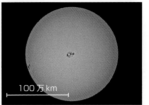
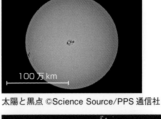

太陽と黒点 ©Science Source/PPS 通信社

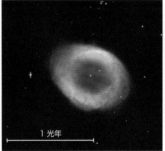

こと座環状星雲
© 提供：兵庫県立大学西はりま天文台

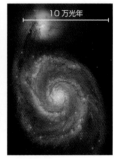

子持ち銀河 M 51
©S.Beckwith（STScI）Hubble HeritaGe Team,（STScI/AURA）, ESA, NASA

長さの単位

1Å（オングストローム）＝10^{-10}m
1nm（ナノメートル）＝10^{-9}m
1μm（マイクロメートル）＝10^{-6}m

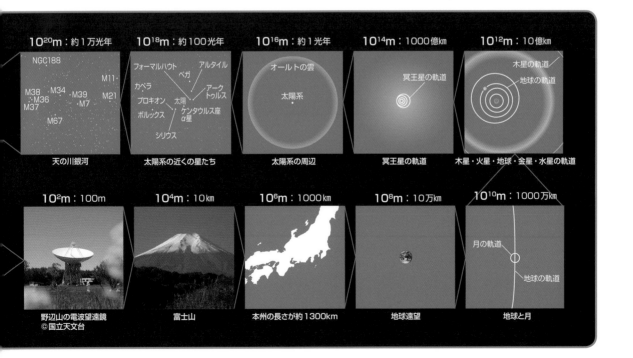

宇宙に果てがあるのかないのか、宇宙は有限なのか無限なのか、まだ完全には解明されていない。現在の有力な考えとしては、宇宙には果てはなく、宇宙は無限に広がっているようだ。ただし、光の速さは有限なので、観測できる宇宙は有限（宇宙の膨張を考慮すると約450億光年ぐらい）である。

② 宇宙の誕生とビッグバン膨張

大昔から人々は宇宙（世界）という概念はもっていた。しかし、ほんの100年ほど前までは天界（宇宙）は静かで不変なものだと信じられていた。そして新しい星が急に輝き始めたりすると（☞5章）、天空を乱すものと思われて、不吉な徴とされたりした。

しかし観測技術が進んで宇宙に散らばっている銀河の振舞いが調べられるようになると、多くの銀河がお互いに遠ざかるように運動していることがわかり、宇宙全体が膨張している事実が発見された（☞7章）。よくたとえられるのは、ゴム風船の表面に銀河が散らばっていて、風船を膨らませると銀河同士が離れていくイメージだろう。

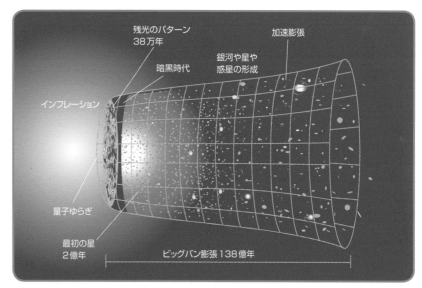

図表 1-3 宇宙の膨張：左右が時間軸で、時間軸に直交方向が空間のイメージ。時間軸の左端が宇宙の誕生で、右端が現在の宇宙。

ところで、宇宙全体が膨張しているということは、映画のフィルムを逆回しにするように過去に遡って考えると、宇宙はどんどん小さくなり1点にまでなるだろうと想像できる。現在の宇宙に存在するあらゆる物質が1点にまで凝縮されるのだから、さぞ、高温で高圧の状態だったに違いない。これを**ビッグバン**と呼んでいる。宇宙は高温高圧のビッグバンではじまり、現在まで膨張し続けているのだ。最近の詳細な観測から、宇宙の誕生は約138億年前だったことがわかっている。

では、宇宙の誕生の"前"はどうなっていたのだろうか。宇宙のはじまりの前には何があったのだろうか。

図表 1-4　宇宙の歴史

時間	サイズ比	大きさ*	温度	主な出来事
0	0	0	∞	無からの宇宙（時空）の誕生
				インフレーションの開始
プランク時間＝$\sqrt{Gh/c^5}$				時空の量子的ゆらぎの終わり
10^{-44}秒	10^{-33}	10^{-3}cm	10^{32}K	重力が誕生する
10^{-11}秒	10^{-15}	100au	10^{15}K	電子が誕生する
10秒	10^{-10}		30億K	電子・陽電子が対消滅して光になる
100秒	10^{-8}	10^3光年	10億K	元素合成の始まり（He, D（重水素）, Li など）
1万年	10^{-4}			輻射の時代の終わり＆物質の時代の始まり
38万年	10^{-3}	1億光年	3000K	陽子と電子が結合し水素原子ができる
				（宇宙の晴れ上がり）
				宇宙の暗黒時代
2億年				最初の天体の形成と宇宙の再電離
10億年	0.25			クェーサー形成
30億年				銀河ができる
90億年	0.75			太陽と地球の誕生（約46億年前）
100億年頃				生命が発生する（約38億年前）
				人類の誕生（約100万年前）
138億年	1		2.7K	現在
190億年頃				太陽の赤色巨星化（約50億年後）
1兆年頃				銀河の老齢化
100兆年頃				星が燃え尽きる
10^{100}年頃				ブラックホールの蒸発

* 宇宙の大きさは膨張宇宙のモデルに基づいて計算しているが、現在の大きさ（138億光年）については、現在の観測可能な宇宙の大きさにしてある。

これは実は大変に難しい質問で、現在でも解決していない。1つの考えとしては、時間や空間というもの自体が宇宙の誕生と同時に存在するようになったので、宇宙の誕生の"前"そのものがなかった（あるいは"無"があった）、とするものだ。ただし、その"無"というものが何であったのか、"無"からどうして宇宙が誕生したのかなど、根本的な謎は残っている。

③ 宇宙の未来

　もし宇宙が永遠に膨張していくとして、そのような宇宙の未来はどうなるのだろうか。宇宙の行く末について、かいつまんで紹介しておこう。

　地球と太陽の未来：いまから約50億年ぐらい後、太陽の中心部では水素が燃え尽き、太陽は膨張して赤色巨星になる（☞5章）。膨らんだ太陽に地球がのみ込まれるかどうかははっきりわからない。

　星々の未来：星の材料となるガスが枯渇し、やがて新しい星も生まれなくなる。おそらく10兆年から100兆年ぐらいの未来、最後の星の光が消え、宇宙には闇の帳が下りるだろう。

　物質とブラックホールの未来：永遠と思えるはるかな未来、宇宙には物質（陽子や電子）でできた暗黒矮星や、物質と出会えなくなった迷走光子、そしてブラックホールなどが残されているだろう。そして、10^{31}年ぐらいのはるかな未来に、陽子が崩壊すると考えられている。さらに10^{100}年先には、最後の天体、ブラックホールでさえ蒸発してしまうと考えられている。

● 宇宙の内容物

現在の宇宙には、原子や分子などからなる通常物質（バリオン物質）（約5％）以外に、ダークマター（約27％）やダークエネルギー（約68％）と呼ばれる謎の存在があることがわかっている（7章4節）。

通常物質 5%

ダークマター 27%

ダークエネルギー 68%

プラスワン

基礎物理定数

光速 c（＝3×10^8m/s）、万有引力定数 G（＝6.67×10^{-11} N・m²/kg²）、プランク定数 h（＝6.62×10^{-34}J・s）など、我々の宇宙の物理状態に関わる基本的な定数。

プラスワン

プランクスケール

我々の宇宙を織りなす時空構造の基本的な単位（スケール）。例えば、光速 c、万有引力定数 G、プランク定数 h からは、唯一、時間の単位をもった物理量として、

$$\sqrt{Gh/c^5}$$

を組み立てることができ、プランク時間と呼ばれる。具体的な数値を入れると、10^{-44}秒ぐらいになる。プランク時間よりも短い時間刻みは物理的意味がなく、宇宙の最初も、プランク時間より前は物理的議論ができない。同様にして、唯一、長さの単位をもった量として、

$$\sqrt{Gh/c^3}$$

ができて、プランク長さと呼ばれる。具体的には 10^{-35} m ぐらいになる。プランク長さより狭い領域は現在の物理学で考えても意味をなさない。

1章 2節 ブラックホールに落ちるとどうなるか？

ポイント この広い宇宙には、様々な天体が存在していて、それらの中には常識では考えられないような奇妙奇天烈な天体もある。ブラックホールもそのひとつだ。ブラックホールは、きわめて強い重力によって周囲の空間さえ歪めてしまった天体で、その内部にいったん入ってしまうと、物質はおろか光でさえ逃れることができない。

▶ 重力（万有引力）
　☞用語集

▶ 事象の地平面 ☞用語集

プラスワン

シュバルツシルト半径

球対称なブラックホールの境界面の半径をシュバルツシルト半径と呼ぶ。光速を c 、万有引力定数を G 、そしてブラックホールの質量を M とすると、シュバルツシルト半径 R は、

$$R = \frac{2GM}{c^2}$$

という簡単な式で表される。たとえば、太陽の質量（2×10^{30} kg）をもつブラックホールの半径は、約3kmになる。

① 強い重力が光でさえ吸い込む天体

重さのある物質は周りの物質を引きつける性質があって、その性質は**万有引力**とか**重力**と呼ばれている。そして物質がたくさん集まれば集まるほど、重力は強くなる。たとえば、人に比べると車やビルはとても重たいはずだが、車やビルの重力はほとんど感じない。しかし非常に大量の岩石や金属が集まってできた地球は、その重力で地表の物体や人間を引きつけているため、我々は地面の下の方に向かって引きつけられている。一方、地球に比べて小さくて物質の量が少ない月は、地球より重力も弱いので、月面上では宇宙飛行士は飛び跳ねるように歩くことになる。逆に、地球よりもはるかに大量の物質が集まってできている太陽は、地球より重力がはるかに強く、周囲の惑星をその周りに従えているぐらいだ。

もし大量の物質が非常に狭い範囲に凝集すると、重力はどんどん強くなるだろう。そしてついには光でさえ逃れることができなくなってしまった天体が**ブラックホール**だ。ブラックホールは、（その内側からは光が脱出できなくなる）**事象の地平面**と呼ばれる球状の境界面で囲まれている。

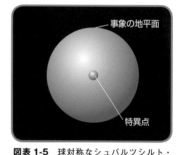

図表 1-5 球対称なシュバルツシルト・ブラックホールの構造。
このタイプのブラックホールを表す解を初めて求めたのがカール・シュバルツシルト（1873 ～ 1916）である。

② ブラックホールに落ちるとき

この事象の地平面が、いわばブラックホールの"表面"だが、地球の表面と異なって、事象の地平面のところに明瞭な境界があるわけではない。

たとえば、河を滝に向かって流されている状況を思い浮かべてみよう。水の中に沈んで流されている人にとっては、どの場所でも周囲は水（空間）であって、どこからが滝（事象の地平面）だという標識があるわけではない。後戻りできなくなっているのに気づいたときには時すでに遅く、滝壺（特異点）にまっ逆さまに落ち込むのみである。ただし、実際には、ブラックホールの強い重力作用によって、たいていの物体は粉々に砕かれ、素粒子サイズまで分解されてしまうはずだ。

さて、ブラックホールの内部に入ると、ますます重力は強くなり、その中心では無限に圧縮されてしまうだろう。中心は**特異点**と呼ばれていて、きわめて奇妙な状態になっているはずだが、宇宙のはじまりと同様に、いまの科学では未解決の謎の場所になっている。なお、ブラックホールの内部に落ち込んだ物質は、何らかの状態でブラックホールの内部に留まり、その質量を増加させていると考えられる。

図表 1-6 シュバルツシルト滝

③ ブラックホールの質量分布

ブラックホールには、太陽の 10 倍程度の質量をもった**恒星質量ブラックホール**と、太陽の数百万倍から数十億倍もの質量をもった**超大質量ブラックホール**があることが観測的にわかっている。その間の質量範囲にはブラックホールの存在は明らかではなく（太陽の数千万倍から数万倍程度の中間質量ブラックホールの示唆はあるが）、**ブラックホール砂漠**と呼ばれている。

一方、ブラックホールの合体で生じた重力波イベント GW150914 以来、合体前後のブラックホールの質量は、予想よりかなり "重かった"。理論的には、星の進化によって 10 太陽質量程度のブラックホールは形成されるが、30 太陽質量のブラックホールをつくるのは非常に難しいという問題がある。

プラスワン

黒洞
漢字だけの国、中国では、ブラックホールのことを "黒洞" と訳している。なかなかの妙訳である。

▶ **はくちょう座 X-1**
　　☞用語集

▶ **ブラックホールの種類**
ブラックホールは、質量以外に、電荷と角運動量（自転の度合いを表す物理量）をもつことが可能で、それらの組み合わせによって、4 種類のタイプが存在する。すなわち、電荷も自転もない最も単純な球対称のシュバルツシルト・ブラックホール、電荷をもつ球対称なライスナー＝ノルドシュトルム・ブラックホール、自転している軸対称なカー・ブラックホール、そして電荷をもち自転しているカー＝ニューマン・ブラックホールである。

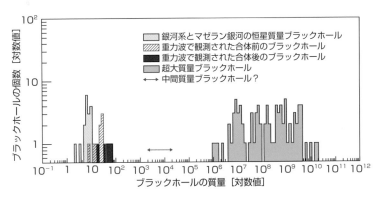

図表 1-7 ブラックホールの質量分布（© 榎戸輝揚）。横軸は太陽質量を単位とするブラックホールの質量、縦軸は各質量で発見されている個数を対数スケールで表す。10 太陽質量前後（恒星質量ブラックホール）と 10^6 から 10^{10} 太陽質量程度（超大質量ブラックホール）にピークがあることがわかる。

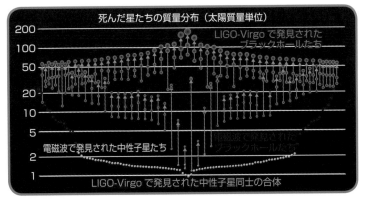

図表 1-8 星の墓場の質量分布（太陽質量単位）（©LIGO-Virgo/Aaron Geller/Northwestern University）。黄色は従来の X 線観測で検出されていた中性子星で、1 〜 2.5 太陽質量程度。赤色は同じくブラックホールで 5 〜 20 太陽質量ぐらいに分布する。それ以外の縦に 3 つの円が並んだ組は、合体に伴う重力波イベントで発見されたもので、オレンジは中性子星、青はブラックホールを表している。

宇宙人は何種族ぐらいいそうか?

1章
3節

ポイント この広い宇宙で、生命が存在している天体は、いまのところ地球だけしか知られていない。最近では太陽系の外にも惑星が続々と発見されているが、宇宙のどこかには他の生命体が存在しているのだろうか。さらには高度な文明を発達させた宇宙人がいるのだろうか。簡単な掛け算を少しだけしてみよう。

▶ **ドレークの式**
宇宙文明の数え方を最初に考案したのは、アメリカの天文学者フランク・ドレーク（1930〜2022）なので、しばしばドレークの式と呼ばれる。

プラスワン

変数の評価
R_*＝星の生成率＝20個／1年
f_p＝惑星の存在確率＝1
n_e＝岩石惑星の数＝1

— **攻略ポイント** —
自分で計算してみる！

f_l＝生命が発生する確率＝1？
f_i＝知的になる確率＝1？
f_c＝通信できる確率＝1？
L＝文明の寿命＝1年、100年、1万年、1億年？

▶ **オズマ計画** ☞用語集

▶ **アレシボメッセージ** ☞用語集

1 天の川銀河にあるかもしれない宇宙文明数の数え方

我々の住む天の川銀河に宇宙人がいるかどうかを評価するのは不可能なように思えるかもしれない。でも、実はある程度まで宇宙文明の数を見積もることはできる。**ドレークの式**と呼ばれる式によると、電波を用いて地球と交信できるような宇宙文明の数 N（number）は、以下の式で表される。

$$N = R_* \times f_p \times n_e \times f_l \times f_i \times f_c \times L$$

見てわかるように、いくつかの要素を掛け合わせただけの簡単な式だ。ただし、それぞれの要素には天文学その他の科学のエッセンスが詰め込まれている。掛け合わせる7つの要素の具体的な意味を、順に見ていこう。

図表 1-9 系外惑星プロキシマ・ケンタウリ b の想像図。地球程度の質量でハビタブルゾーン（10章）に位置すると考えられている。©ESO/M.Kornmesser

2 各要素の意味

天文学的要因：最初の「R_*（rate of star）」は、天の川銀河のなかで1年間に誕生する星の数である。天文学の観測によると、太陽のような星が天の川銀河全体では1年間に20個ぐらい生まれていることがわかっている。

次の「f_p（fraction of planet）」は、誕生した星の周りに惑星も同時に生まれる確率だ。太陽のような自分で輝いている恒星に比べて、恒星の周りを回る惑星は非常に暗いため、恒星は観測できても惑星を観測することは非常に難しい。しかし、1995年にスイスの天文学者がペガスス座51番星の周りに木星サイズの巨大ガス惑星をはじめて発見した（☞10章）。いまでは候補にあがっているものを含めると5000個を超えた（2022年9月現在）太陽系外惑星（系外惑星）が見つかっている。大部分の星の周りには惑星がいくつかありそうなので、この要素はほぼ1としていいと推測される。

さらに「n_e（number of environment）」は、星の周りにいくつかの惑星がある場合、地球上の生命に似た生命が発生し進化できる環境をそなえた惑星の数だ。太陽系で生命の生存に適した環境をもっているのは、地球とぎりぎ

りで火星ぐらいだ。この要素も 1 としよう。

　生物学的要因：続く「f_l（fraction of life）」「f_i（fraction of intelligence）」「f_c（fraction of communication）」は、それぞれ、生命の生存に適した惑星の上で、実際に生命が発生する確率、発生した生命が知的生命まで進化する確率、進化した知的生命が他の星へ通信を送れるほど高度な技術文明を発達させる確率だ。地球人類の実例に関しては、どれも 1 である。

　社会学的要因：最後の「L（lifetime）」は発達した技術文明が実際に通信を送ることが可能な年数だ。人類に関して言えば、地球側から宇宙へ向けて電波信号を送信した実験はそれほど多くない。送信時間をすべて足し合わせても 1 年にならないだろう。そこで 1 年を L の最小値としよう。一方、文明が滅びてしまえば、通信を送ることはできなくなる。したがって L の最大値は、文明の寿命とみなしてもいいが、これは全くわからない。

③ 計算はじめ！

　では、以上の見積りを、ドレークの式に放り込んでみよう。

$$N = 20 \times 1 \times 1 \times 1 \times 1 \times 1 \times （1 から 1 億の間？）$$

　天の川銀河に存在する高度な宇宙文明の数として、20 個から 200 億個ぐらいまで、かなり幅のある見積もりが出る。実は 1980 年代では、この見積りの数字は最低 1 個（地球のみ）だった。それがいまや最低でも 20 個ぐらいになった。もちろん、この 20 年の間に宇宙文明が突如増殖したわけではない。以前は、太陽以外の星の周りに惑星があるかどうかが不明で、「f_p」を 0.1 とか 0.05 とかかなり小さく評価していた。また生命の発生確率など、その他の要素も 0.5 とか少し低く見積もっていたためだ。しかしその後、太陽系外の惑星がどんどん見つかったり（「f_p」が 0.1 から 1 になった）、生命の発生自体はそれほど難しくないことがわかったりして（「f_l」が 0.5 から 1 になった）、各要素の値が少しずつアップした効果による。科学は日進月歩しているのだ。

③ フェルミパラドックスと銀河植民地化

　核物理学者のエンリコ・フェルミが 1950 年に、「宇宙人がおるんやて⁉ ほなら、そいつらはどこにおんねん‼」と、おそらくイタリア語訛りの英語で問うたとされる。そのため、宇宙人はいったいどこにいるのかという問いは、**フェルミパラドックス**と呼ばれている。実際、恒星間空間に進出した宇宙文明は、移民宇宙船を仕立てて天の川銀河全体を植民していくかもしれない。これを**銀河植民地化**という。超光速航法やワープなどを考えなくても、実は驚くほど短時間で全天の川銀河を植民できる。1 つの試算をしてみよう。

　隣の星までの距離を 10 光年、移民宇宙船の速度を光速の 1 割とする。すなわち隣の星まで到達するのに 100 年かかる。第 2 次植民まで、人口を増加し力を蓄えるのに 400 年かかるとすると、植民化を 1 つ進めるのに、500 年かかることになる。言い換えれば、植民の波は 500 年で 10 光年広がる。この割合で天の川銀河全体に植民の波が広がるには、たった 500 万年しかかからない。仮に植民化のステップが一桁長くて 5000 年だとしても、全天の川銀河の植民化には、5000 万年しかかからない。いずれにせよ、天の川銀河の年齢に比べれば、あっと言う間である。それにもかかわらず、宇宙人との出会いがない原因は、「地球人以外の宇宙人はいない」「宇宙文明の平均寿命が非常に短い」「地球近傍が保護区になっている」などが考えられる。

プラスワン

▶ **高度宇宙文明**

現在の地球文明と比べ、技術的に遥かに進歩した文明。地球人以外の宇宙人が高度宇宙文明を築きあげている可能性もありえるし、あるいは、数千年後の未来の地球文明の姿かもしれない。いずれにせよ、高度宇宙文明は、（地球人も含め）地球型惑星に発生した人間型宇宙人の技術文明の行きつく先だろう。

旧ソ連のニコライ・カルダシェフは、技術的に発達した高度宇宙文明を、そのエネルギー消費の規模によって、3 つに類別した。

タイプ I：惑星規模のエネルギーを利用する文明。およそ 4×10^{12} W のエネルギーを消費する。現在の地球文明がほぼこのレベル。

タイプ II：恒星規模のエネルギーを利用する文明。およそ 4×10^{26} W のエネルギーを消費する。ダイソン殻文明（☞ p.18）がこのレベル。

タイプ III: 銀河規模のエネルギーを利用する文明。およそ 2.4×10^{37} W のエネルギーを消費する。

▶ ダイソン球、ダイソン殻
地球に降り注ぐ太陽光の割合は、太陽から放射される全エネルギーのうち、地球の断面積を地球軌道の半径（1天文単位）の球の面積で割った分だけであって、全放射の約20億分の1に過ぎない。もし、地球軌道の半径をもつ球殻で太陽をすっぽり覆うことができたら、太陽エネルギーを漏れなく利用することができるだろう。非常に進歩した文明なら、そのような球殻を人工的に構築できるかもしれない。球殻の内側の表面積は地表面積の10億倍もあるので、そんな球殻ができたら、人口問題もエネルギー問題も一挙に解決するだろう。

以上のようなアイデアを、物理学者フリーマン・ダイソンが、1960年に提案した。

ダイソン球は必ずしも球殻である必要はなく、赤道面で太陽を取り巻くベルト状の構造体でも、軌道運動する無数のプラットフォームでもよい。

ダイソン球

ダイソン殻

▶ ワームホール
☞ 用語集

▶▶▶ ユニバースからマルチバースへ

最近の研究では宇宙（universe）は1つとは限らず、無数の宇宙の可能性が議論されている。**多宇宙・マルチバース**（multiverse）と呼ぶ。多宇宙には4つのタイプがある（マックス・テグマーク）。

レベルI多宇宙

レベルI多宇宙は、同じ宇宙の一部だが無限の彼方にある領域だ。ほとんど無限の遠方宇宙には"地球"が無限個存在しうるかもしれない。"無限"ということは、あらゆる可能性を含むということなのだ。

レベルII多宇宙

レベルII多宇宙は、物理法則は同じだが物理定数などの値が違う世界だ。宇宙が急激な膨張インフレーションを起こしたとき、宇宙全体がどこでも同じように急速膨張するとは限らない。宇宙の一部が全体とは別に急速膨張して枝分かれし、子宇宙や孫宇宙ができる可能性がある。このような部分的インフレーションによって、多重発生した宇宙を**無量宇宙**と呼ぶ。無量宇宙の大本は1つなので、物理法則はすべてで共通しているが、膨張速度など物理定数は違うだろう。

さらに我々の宇宙は高次元時空の中での"膜"のようなものだという考えがあり、**膜宇宙**（ブレーンワールド）と呼ばれている。高次元時空には、無数の膜宇宙が存在しているかもしれない。

レベルIII多宇宙

レベルIII多宇宙は、量子力学に関連して提唱された**多世界**だ。

量子力学ではものごとは不確定だが、通常は確率的にものごとが決まると考える。一方、量子力学的な"選択"が行われるつど、可能なすべての状態（宇宙）が観測時点から枝別れしていくという考え方があり、多世界解釈と呼ばれている。これも多宇宙の一種だ。

レベルIV多宇宙

最後のレベルIV多宇宙は、物理法則はおろか数学的構造なども、我々の宇宙とはまったく異質な世界だ。魔法世界もレベルIVの一種だ。

多世界の多くは実証するのが難しそうだが、宇宙のありさまを考えるためには有用な思考実験なのである。

Question 1

下の天体の名前はどれか。

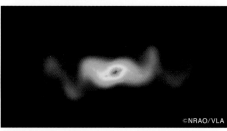

©NRAO/VLA

1. はくちょう座 X-1
2. 特異星 SS433
3. マイクロクェーサー GRS1915 + 105
4. クェーサー 3C353

Question 2

1 光年は 1au の何倍くらいか。

1. 約 10^3 倍
2. 約 10^4 倍
3. 約 10^5 倍
4. 約 10^6 倍

Question 3

1 天文単位は地球の直径の約何倍になるか。

1. 約 100 倍
2. 約 1000 倍
3. 約 1 万倍
4. 約 10 万倍

Question 4

ブラックホールは、分類すると何になるか。

1. ダークマター
2. ダークエネルギー
3. バリオン物質
4. ミッシングマス

Question 5

ブラックホールに吸い込まれた物質はどうなるか。

1. おそらく内部にとどまる
2. 一部はジェットとして吹き出す
3. ワームホールを経由して別の場所に出現する
4. わからない

Question 6

フランク・ドレークが宇宙人からの通信を受け止めようとした計画は何か。

1. ボイジャー計画
2. オズマ計画
3. ドロシー計画
4. さざんか計画

Question 7

宇宙の歴史で古い順に並んでいるのは、次のうちどれか。

1. 元素合成の始まり▶ブラックホールの蒸発▶銀河ができる▶人類の誕生
2. 重力が誕生する▶クェーサー形成▶銀河の老齢化▶現在
3. インフレーションの開始▶宇宙の晴れ上がり▶生命が発生する▶ブラックホールの蒸発
4. 電子が誕生する▶重力が誕生する▶ブラックホールの蒸発▶現在

Question 8

現在の考えでは宇宙の将来はどうなっていくだろうか。

1. ずっと変化しない
2. ビッグクランチで終わる
3. 膨張収縮を繰り返す
4. 永遠に膨張を続ける

Question 9

宇宙の階層構造において、a) 銀河団、b) 宇宙の大規模構造、c) 星団、d) 銀河、を大きいものから順に並べた。正しい記述を選べ。

1. a>b>c>d
2. b>a>d>c
3. a>b>d>c
4. c>d>a>b

Question 10

宇宙にある文明の数を見積もるための「ドレークの式」の要素に含まれていないのはどれか。

1. 恒星の周りに惑星が存在する確率
2. 惑星の周りに衛星が存在する確率
3. 惑星に生命が発生する確率
4. 発生した生命が他の天体へ通信をする確率

★ おまけコラム ★

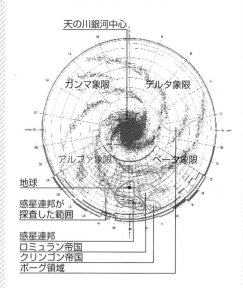

天の川銀河中心

ガンマ象限 　デルタ象限

アルファ象限 　ベータ象限

地球

惑星連邦が
探査した範囲

惑星連邦
ロミュラン帝国
クリンゴン帝国
ボーグ領域

「スタートレック」シリーズで設定されている天の川銀河内の異星人版図（http：//www.loony - archivist.com/lowerdecks/maps.html）。天の川銀河全体は、アルファ象限、ベータ象限、ガンマ象限、デルタ象限に区分され、地球人類の惑星連邦、クリンゴン帝国、ロミュラン帝国、ボーグ領域などが分布している。惑星連邦が探査した領域は天の川銀河の一部でしかない。

Answer 1

② 特異星 SS433

❶も❷も、約 10 太陽質量程度のブラックホール候補天体だが、はくちょう座 X-1 は明瞭なジェット構造は示さない。❸も同程度の質量のブラックホール候補天体で明瞭なジェット構造を示すが、SS433 と違って直線状である。❹は超大質量ブラックホールを有する遠方のブラックホール天体で、やはりジェット構造がある。

Answer 2

③ 約 10^5 倍

図表 1-1 はミクロスケールからマクロスケールまでを約 100 倍ずつスケールアップしたものである。ざっくりスケールアップしたいときは、約 10 万倍ずつスケールアップするとよい。

Answer 3

③ 約 1 万倍

1 天文単位（＝ 1.5×10^{11}m）を地球直径（1.3×10^7m）で割ると、約 1 万 2000 となる。なお、太陽までの距離（1 天文単位）の 10 万倍が約 1 光年で、恒星までの距離を表すのに用いる。さらに、その 10 万倍が銀河系のサイズ、約 10 万光年。

Answer 4

③ バリオン物質

ダークマターとダークエネルギーは、感知はされているが正体がわかっていない。ミッシングマスはダークマターの昔の言い方。バリオン物質というのは、星や星雲などの通常の物質全般を指す言葉であり、ブラックホールもバリオン物質である。

Answer 5

① おそらく内部にとどまる

物質を吸い込むとブラックホールの質量は増加すると考えられており、吸い込まれた物質は何らかの状態で内部にとどまっていると考えられる。一方、ブラックホール天体からはしばしばジェットが吹き出しているが、これはブラックホールに吸い込まれ損ねた物質が吹き出しているもので、決して、内部から出てきたものではない。また、ワームホールは理論上は存在する可能性があるが、ブラックホールとは時空構造が異なっており、ブラックホールを 2 つ繋げたものがワームホールになるわけではない。

Answer 6

② オズマ計画

1960 年、フランク・ドレークはウエストバージニア州にある 26m 電波望遠鏡を用いて宇宙人からの通信を受信しようと試みた。これは、史上初めて実行された宇宙人探査計画であり、「オズマ計画」と名付けられた。「ボイジャー計画」は、アメリカ航空宇宙局（NASA）による太陽系の外惑星および太陽系外の探査計画で、探査機には各国のあいさつを収録したレコードが載せられている。「ドロシー計画」は、「オズマ計画」から 50 周年を記念して 2010 年に行われた世界合同 SETI 観測である。「さざんか計画」は、2009 年日本での全国同時 SETI キャンペーン観測である。

Answer 7

③ インフレーションの開始▶宇宙の晴れ上がり▶生命が発生する▶ブラックホールの蒸発

図表 1-4 を見てみよう。また、あるものが誕生しないと、別のあるものが誕生しないという関係について考えてみよう。

Answer 8

④ 永遠に膨張を続ける

加速膨張が発見されたことで、現在では宇宙は永遠に膨張を続けると考えられている。最初にビッグバンモデルが提唱された 1946 年頃には、観測的証拠も少なく、宇宙はずっと変化しないという「定常宇宙論」も並立していた。膨張宇宙モデルが確立した後も、20 世紀末までは宇宙の将来は不明で、膨張し続けるのか、収縮に転じてビッグクランチで終わるのかわからなかった。ビッグクランチで終わる場合には、再び膨張に転じて、膨張収縮を繰り返すモデルもあった。現在でも、最先端の時空構造モデルの中には、時空構造そのものの相互の衝突によって、膨張と収縮を繰り返す「エキピロティック宇宙」というものも提唱されている（エキピロティックはギリシャ語で大火の意味）。

Answer 9

② b＞a＞d＞c

大きさの順は、宇宙の大規模構造、銀河団、銀河、星団で、大きさはそれぞれ 1 億光年、100 万光年、10 万光年、10 光年の程度である。

Answer 10

② 惑星の周りに衛星が存在する確率

ドレークの式には衛星は考慮されていない。ただ、最近の惑星形成の理論から、惑星があれば必然的に衛星も存在すると思われるので、わざわざ項目に入れる必要はないといえる。ただ、昨今、衛星も生命誕生の舞台としての可能性は取り上げられており、その点でいささかの修正は必要かもしれない。

2章

太陽は燃える火の玉か?

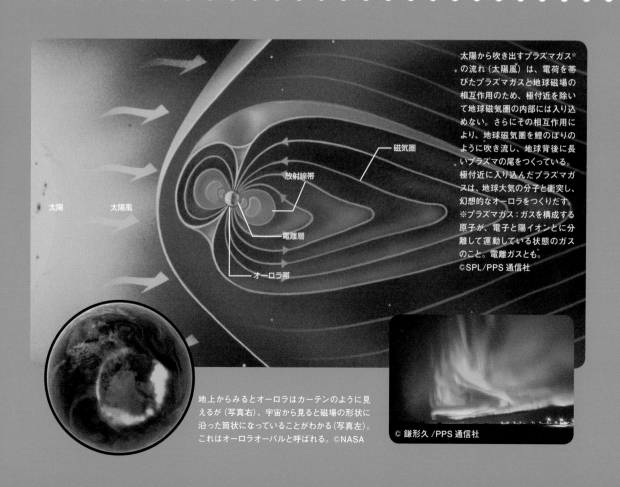

太陽から吹き出すプラズマガス※の流れ（太陽風）は、電荷を帯びたプラズマガスと地球磁場の相互作用のため、極付近を除いて地球磁気圏の内部には入り込めない。さらにその相互作用により、地球磁気圏を鯉のぼりのように吹き流し、地球背後に長いプラズマの尾をつくっている。極付近に入り込んだプラズマガスは、地球大気の分子と衝突し、幻想的なオーロラをつくりだす。
※プラズマガス：ガスを構成する原子が、電子と陽イオンとに分離して運動している状態のガスのこと。電離ガスとも。
©SPL/PPS通信社

磁気圏

放射線帯

太陽　太陽風

電離層

オーロラ帯

地上からみるとオーロラはカーテンのように見えるが（写真右）、宇宙から見ると磁場の形状に沿った筒状になっていることがわかる（写真左）。これはオーロラオーバルと呼ばれる。©NASA

© 鎌形久 /PPS通信社

太陽からは様々な波長の電磁波が放射されている。観測波長が変わると、見られる太陽の様子が変わる。それは、温度や光球からの高さによる違いである。p.22、23 下の画像は、すべて同じ日の太陽像で、疑似カラーで着色している。

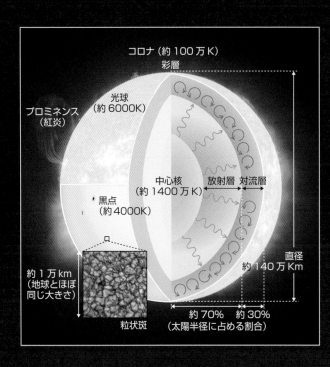

コロナ（約 100 万 K）
彩層
光球（約 6000K）
プロミネンス（紅炎）
中心核（約 1400 万 K）
放射層　対流層
黒点（約 4000K）
約 1 万 km（地球とほぼ同じ大きさ）
粒状斑
直径 約 140 万 Km
約 70%　約 30%（太陽半径に占める割合）

太陽の構造の模式図。実際の太陽の姿は日々変化する。太陽内部の調査研究は、太陽表面に見られる平均周期 5 分間の振動現象を解析して行われる（日震学診断）。少々事情は違うが、地球の内部構造の調査を地震計測で行うものと同じだ。K は温度を表す単位（☞ p.12 傍注）。なお、中心核を放射層ととらえることもできるため、太陽表面の対流層の下に、太陽半径の約 7 割を占める放射層が存在すると考えてもよい。

X 線や紫外線（左から波長 9.4 nm、17.1 nm、30.4 nm、33.5 nm）で見る太陽コロナ。これらは人間の目には見えない種類の光のため、疑似カラーを着色している。観測波長（☞ 4 章中扉）が変わると、違った温度や高度の太陽コロナの様子を見ることができる。黒点があるところは磁場が強く、X 線や紫外線で明るく見える。NASA の太陽観測衛星「ソーラー・ダイナミクス・オブザーバトリー (SDO)」にて撮影。©NASA

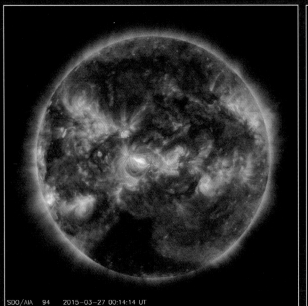

SDO/AIA　94　2015-03-27 00:14:14 UT

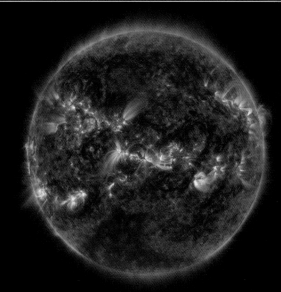

SDO/AIA　171　2015-03-27 00:11:24 UT

2015/03/27 23:47 ©NASA,ESA

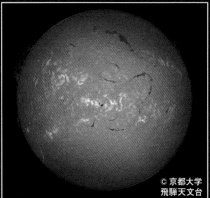
© 京都大学
飛騨天文台

太陽観測衛星「SOHO」がとらえた太陽のコロナ（上）と地上太陽望遠鏡がとらえた彩層（下）の様子。光球や彩層より上層のコロナの観測は、太陽の光球が明るすぎるため、それを隠して行うことがある（上図中の白丸は光球の大きさ）。この観測手法をコロナグラフという。彩層の画像の左上には、大きなプロミネンスが見られる。なお、地上からは日食時にコロナや彩層の様子を観察できることがある。

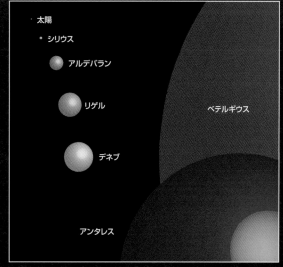
・太陽
・シリウス
アルデバラン
リゲル
デネブ
ベテルギウス
アンタレス

地球と比べれば太陽は巨大な天体だが、太陽よりも大きな恒星も多い。赤色巨星のベテルギウスの半径は、太陽半径の約 800 ～ 1000 倍もある。

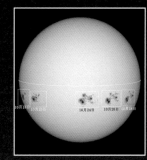
10月18日 10月23日 10月24日 10月26日 10月28日

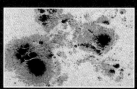

左は 2014 年 10 月に発生した巨大黒点の連続写真。右は太陽観測衛星「ひので」がとらえた巨大黒点。写真は横：約 20 万 km × 縦：約 12 万 km。
左：©NAOJ
右：©NAOJ/JAXA

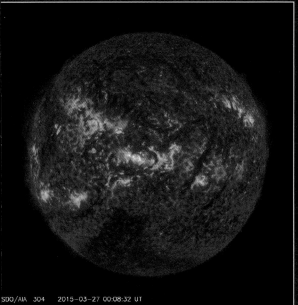
SDO/AIA 304 2015-03-27 00:08:32 UT

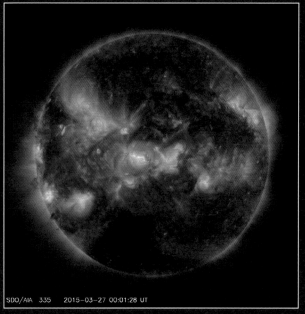
SDO/AIA 335 2015-03-27 00:01:28 UT

023

2章

1節 太陽の体温は約6000K！

ポイント　いつも穏やかに地上を照らし、地球へ光と熱のエネルギーを届ける太陽。太陽とはいったいどのような天体なのだろうか。ここでは、目に見える太陽の表面について紹介しよう。太陽の本体は、表面が5800Kにもなる非常に高温のガス球だが、燃える火の玉ではない！　太陽の表面で何かが燃えているわけではないのだ。

▶ 太陽定数 📖用語集
▶ 光球 📖用語集

プラスワン

周縁減光効果

太陽面全体を写した画像を見ると、中心領域は明るいが、周縁部で暗く紅くなっているのがわかる。これは太陽が球状のガス体であることの証拠である。もし太陽が固体の高温球なら周縁部まで同じように明るいだろう（月がそうだ）。しかしガス体であるために、周縁部では太陽大気のガスによって夕焼けのような効果が起こって、暗く紅くなってしまう。太陽の表面温度は、正確には5780Kとされている。しかしこれは地球から見たときの太陽全面の平均温度で、地球から見たときには周縁減光によって、縁の温度は中心の温度より低くなって見える。実際の表面温度の平均は6400K程度ある。

プラスワン

太陽磁場の発見

1908年にジョージ・ヘールは、黒点に2000～3000ガウスの磁場があり、スペクトルの吸収線を分離させていると発表した。ヘールは、

1 太陽の表面：光球

　まぶしく輝く太陽は、地球から約1億4960万km離れたところにありながら、1㎡あたり1.4kW（毎秒1㎡あたり1.4kJ）のエネルギーを地球まで届けている。この輝く星の直径は地球の109倍にも及ぶ。

　太陽の"表面"を撮影した画像を見てみよう。太陽は主として水素ガスでできた巨大な球なので、ここからが表面だというはっきりした境目があるわけではない。そこで太陽を可視光で観測したときに、観測できる太陽表面を光球と呼んでいる。太陽の中心の温度は約1400万Kもあるが、その熱が外部へと伝わって、光球面でのガスの温度は5800Kもの温度になっている。製鉄所で鉄を熱したときに、鉄が輝くのと同じように、太陽の輝きは、太陽表面のガスが5800Kになって光を放つものである。

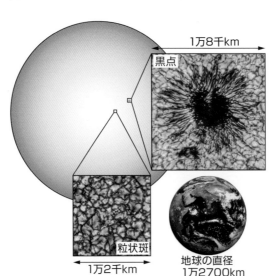

1万8千km
黒点
粒状斑
1万2千km
地球の直径
1万2700km

図表2-1　太陽光球（左）と黒点（中）と粒状斑（右の拡大図）。光球の画像では、太陽面中央が明るく、周縁部が暗いことがわかる（周縁減光効果）。黒点の画像では、黒い中央部（暗部）と縞状で薄黒い周辺部（半暗部）の構造が見て取れる。粒状斑では、明るい部分で高温のガスが上昇し、暗い縁取り部分で冷えたガスが下降する対流が起こっている。アメリカ国立科学財団がハワイに建設したDKIST望遠鏡は、主鏡の口径が4mの史上最高解像度の太陽望遠鏡であり、図の粒状斑や黒点はDKISTの初期観測の成果である。©NSO/NSF/AURA・政田洋平

2 太陽表面の模様：黒点、粒状斑、白斑

　太陽の写真を見たときに一番初めに目に留まるのは、黒く見える小さな斑

点であろう。この点を**黒点**という。黒点の大きさは直径数千kmから大きいものでは数万kmに達し、地球の数倍に達するものがある。黒点には数千ガウスの強い磁場が観測される。また、黒点は単一のものもあるが、ほとんどが大小の黒点が群れとなった黒点群となっている。

黒点は周囲の光球よりも温度が低く4000K程度である。黒点では磁場が強いために、太陽内部からの熱の輸送（対流による）が磁場によって妨げられ温度が低くなると考えられている。黒点には暗い**暗部**と、暗部を取り囲む**半暗部**という部分がある。半暗部は比較的大きな黒点にのみ現れる。黒点の周囲には**白斑**という明るい模様が広がっている。太陽黒点を望遠鏡で観察すると、太陽の縁にある黒点の周囲がまだら模様のように白くなって見える。これが白斑である。白斑にも1000ガウス程度の磁場がある。

光球を拡大して観測すると、まるで小さな細胞のような模様が見られる。この模様は**粒状斑**と呼ばれ、太陽表面で沸き立つ対流渦を表している。平均的な粒状斑の大きさは差し渡し1000kmと小さいため、地上からは、補償光学装置を用いて観察する。川の流れで川底の石を見ることができないように、地上からの天体観測は、大気の揺らぎでぼけたような像を見ている。どのようにぼけたのかを測ることによって、望遠鏡内部の鏡やレンズを動かし、揺らぎの少ない天体像を作り出すのが、補償光学である。太陽では、小さな黒点を参照してぼけ具合を測り、そのままでは観測することのできない、粒状斑や微小黒点など、精細な太陽像を得ることができる。黒点の周辺は磁場による活発な活動が起こっているので活動領域と呼ばれる。一方、その他の比較的穏やかな領域は、静穏領域と呼ばれる。

3 黒体放射

熱を帯びた物質が放つ純粋な熱放射（電磁波）を**黒体放射**という。物質の温度が低ければ（高ければ）、黒体放射のエネルギーは全体に低く（高く）なる。太陽は5800Kで500nmの緑色の光が最も強いが、他の色の光も放っているので、全体としては白く見える。表面温度が4000Kの星は700nmあたりの赤色が強いためややオレンジがかって見える。体温36℃（300K）の人は、赤外線で光って見える。

1866年のノーマン・ロッキャーによる黒点の吸収線の分離発見と、1899年のピーター・ゼーマンによる実験室での磁場中のスペクトル線分離の発見を結びつけたのだ。2014年には太陽観測衛星「ひので」によって6000ガウスを超える観測史上最強の磁場をもつ黒点が発見された。

プラスワン

黒点は月よりも明るい

たいていの写真では黒点は黒く写っている。これは太陽表面の5800Kの明るさに合わせて撮影したためで、黒点は露出不足になっているのだ。黒点も4000Kという高温だから、仮に夜空に浮かべると月よりも明るく輝くことになる。

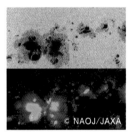
© NAOJ/JAXA

太陽観測衛星「ひので」がとらえた最強磁場をもつ黒点。連続光による姿（上）とその磁場強度（下）。特に黄色で示された場所（下図左下あたり）に6000ガウス（600ミリテスラ）を超える磁場が存在している。

▶ **ガウス** ☞用語集

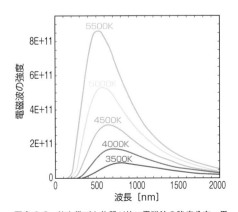

図表2-2 熱を帯びた物質が放つ電磁波の強度分布。黒体放射の強度分布にはピークがあり、物質の温度が高いほど、ピークは短波長側に移動しエネルギーは高くなる。

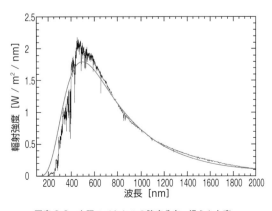

図表2-3 太陽スペクトルの強度分布。滑らかな実線は約5780Kの黒体放射。

2章

2節 太陽を彩る紅い雲

ポイント 太陽の光球の上空には、彩層と呼ばれる薄いガス層が広がっている。彩層は太陽の観測される表面（光球）のすぐ上に位置しており、光球を背景に、彩り豊かな太陽表面現象が観測される。

▶ 彩層 ☞用語集

▶ 吸収線 ☞用語集

▶ Hα線 ☞用語集

プラスワン

太陽の差動回転
太陽の自転の速さは緯度で異なっていて、高い緯度ほど遅く回っている。ガスの星にはよく見られる現象で、差動回転という。

プラスワン

プラージュと白斑
プラージュ（Plage）は、彩層でもひときわ目立つ明るい領域だが、もともとはフランス語で「海辺・浜辺」を意味する言葉である。プラージュの足元付近の光球には磁場の強い領域である白斑が見られ、両者の間には磁場を介したつながりがあると考えられている。

プラスワン

ヘリウムの発見
1868年の皆既日食観測で、彩層にオレンジ色の輝線をピエール・ジャンサンが発見。この輝線に対応する元素は、当時、地上では発見されておらず、太陽にしかないと考えられたた

① 太陽の表層：彩層、プラージュ

太陽の光球の上空には、厚さ約2000km〜1万kmの太陽を覆うガス層があり**彩層**と呼ばれる。太陽本体と同じく、彩層のガスも大部分は水素ガスだが、水素ガス以外にも様々な元素の成分が含まれている。水素をはじめとして、種々の元素によって特定の色の光が吸収されたり放射されたりするために、彩り豊かな太陽表面現象を見ることができる。

このような彩層を観察するには、特定の波長のみで観察する特殊なフィルターが必要である。最も一般的なものが、水素原子が放つ赤色光によって生じる**Hα線**（656.3nm）を透過するフィルターだ。

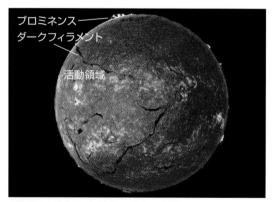

図表 2-4 太陽のHα全面像 ©HAO, NOAA

Hα線で太陽を見ると、光球にある黒点の上空を彩層のガスが覆っているため、大きな黒点以外はほとんどが見えにくくなっている。大きな黒点のある場所では、強い磁場が彩層を突き抜けてその上空へ達しており、彩層にはガスが存在しにくくなっているため、黒点を見ることができる。黒点周囲の活動領域の彩層は、周囲よりも明るくなっている。この明るくなっている領域は、**プラージュ**と呼ばれる。活動領域で複雑に交錯する磁場によって、Hα線などの光が発せられているためである。

② 太陽上空の紅い雲：プロミネンス

　図表2-5は、NASAのSDO衛星が紫外線で撮影した太陽の縁である。縁の上でたなびくように伸びているものは**紅炎（プロミネンス）**と呼ばれるもので、彩層の上空に浮かんでいるガスの雲だ。

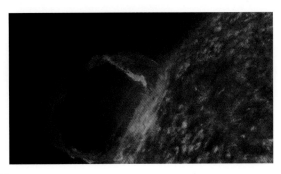

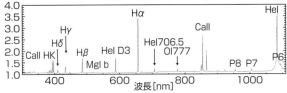

図表 2-5　NASAのSDO衛星がとらえたプロミネンス（上）とプロミネンスの可視域広帯域スペクトル（下）。太陽の縁にあるプロミネンスは、Hαなどの輝線で輝いている。明るい光球面上ではプロミネンスを構成する冷たいガスに光が散乱・吸収されるため、太陽スペクトルにはこれらの波長に対応する位置に吸収線が現れる。
上：©SDO/NASA、下：京都大学大学院理学研究科附属天文台

　プロミネンスには穏やかなもの（静穏型）と活動的なもの（活動型）がある。静穏型プロミネンスは数週間もの間、右傍注の写真のような形を保ち、その多くは太陽の自転とともに東から現れて西へ没する。プロミネンスは、Hα線で輝くため、太陽の縁にあれば明るく見られるが、太陽面上にある間は、背景の太陽光を冷たいガスが吸収するため黒い筋（ダークフィラメント）として観測される。長さが20万kmにも達するプロミネンスには、大量のガスが含まれているが、どうやってガスが供給されるのか謎も多い。

　活動型のプロミネンスは、運動状態にあるプロミネンスのことをいう。このプロミネンスは、太陽の縁では水平にたなびくような構造として観測される（図表2-6）。活動型のプロミネンスは、彩層やコロナ中をダイナミックに動き、数分から数時間で形を変えたり消失したりする。

図表 2-6　活動領域プロミネンス。黒点上空で水平方向にたなびくようにみえている。太陽表面で黒いところが黒点、手前の白っぽい場所がプラージュ。また太陽の縁に毛羽立ったように見えるのはスピキュールと呼ばれる構造。© 国立天文台／JAXA

め、太陽神ヘリオスにちなんで「ヘリウム」と命名された。

プラスワン

紅炎（プロミネンス）の意味
紅炎は色合いからついた名だが、英語のプロミネンスは「突起物のような目立つもの」の意味だ。色ではなくて紅炎の形状からつけられたわけである。

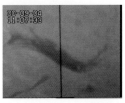

ダークフィラメント © 兵庫県立大学西はりま天文台

静穏型プロミネンス © 国立天文台／JAXA

活動型プロミネンス © 国立天文台／JAXA

プラスワン

スピキュール
Hα線で彩層を見ると、太陽一面が筋のような模様で覆われている。1本1本はガスが噴き出しているところで、スピキュールと呼ばれている。噴き出す速度は毎秒30km程度、長さは6000km程度で、1つのスピキュールは5分間ほどで消滅して、また次の一筋が現れる。

太陽を取り巻く超高温のコロナ

2章
3節

> **ポイント**　皆既日食の写真を見ると、太陽が乳白色の輝きに包まれているのがわかる。これは太陽を取り巻く高温のガスが、太陽からの光を散乱して輝いているもので、コロナと呼ばれる。太陽コロナは、我々が目にする太陽の神秘でもある。

プラスワン

コロナの意味

コロナの語源は冠の意味がある。皆既日食中の太陽の周りのコロナが上から見た王冠のように見えることから、ラテン語で王冠を表すコロナと名づけられた。

▶ **プラズマ** ☞用語集

▶ **コロナホール** ☞用語集

プラスワン

コロナ加熱の原因

100万Kにも及ぶコロナの加熱の原因が、太陽本体にあることは間違いない。ただし、太陽本体（表面）の温度は5800Kしかないので、通常の熱伝導（高温から低温へ伝わる）で説明することはできない。したがって、太陽表面から、熱エネルギー以外の形でエネルギーが運ばれて、コロナ領域で熱に変換されるのだろうと推定されている。その方法としては太陽表面の磁場を利用した"磁気波動説"というモデルと、太陽表面での無数の微小爆発現象（ナノフレアと呼ぶ）を利用した"ナノフレア説"というモデルが有力視されている。

① 太陽の周辺：コロナ

　太陽を取り巻く高温のガスが**コロナ**（☞用語集）だ。コロナは彩層よりさらに上空に存在する、彩層よりも希薄なガスの広がりである。一方で、コロナのガスの温度は100万Kもあり、光球や彩層よりも桁違いに高温である。そのため、コロナのガスは、原子が電離した状態（プラズマ）となっていて、高温のコロナからはX線が発せられている。

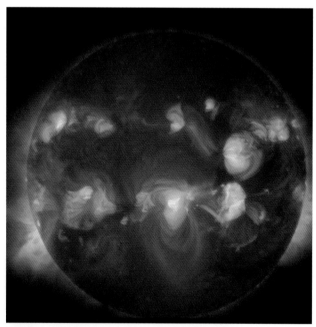

図表 2-7　X線を放射するコロナのガス © 国立天文台／JAXA

　ところで、光球よりも太陽中心から離れたところにあるコロナがどうして光球の5800Kよりも高温なのだろうか。これは湯を沸かしたときに、湯の温度は100℃なのに、出てくる水蒸気が何千℃もの高温になっているような、きわめて不思議な状態である。これはコロナ加熱問題と呼ばれ、太陽研究の

大きな課題となっているが、徐々に解明されつつある。

　コロナは太陽光球からの光の散乱光とコロナ中の鉄などの輝線によって光を放っているが、その輝きはとても暗く、明るいところでも満月程度の明るさである。地球の大気は太陽光によって明るく輝いているため、空よりも暗いコロナの輝きは、普段の太陽周囲には全く見ることができない。しかし、皆既日食のときには太陽からの光が月によって遮られるので、彩層やコロナを肉眼で見ることができる。

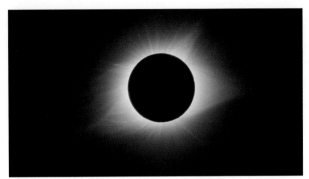

図表 2-8　皆既日食中のコロナ。2017 年 8 月 21 日アメリカ合衆国ワイオミング州にて。© 戸田博之

　NASA の宇宙探査機パーカー・ソーラー・プローブは、2021 年 4 月に太陽半径の約 15 倍（太陽表面から約 1000 万 km）の距離まで接近し、人類史上初めて太陽コロナを内側から直接観測することに成功した。2021 年末には太陽表面から約 850 万 km（太陽半径の約 12 倍）の軌道に到達しており、最終的には太陽表面から約 600 万 km（太陽半径の約 9 倍）の位置で太陽コロナの観測を行う予定である。2020 年に打ち上げられた ESA の太陽観測衛星ソーラー・オービターも、水星の内側を通る軌道で太陽を周回中であり、これまでにない距離と位置（太陽の極域を観測できる角度）からコロナや太陽風、太陽活動の成因を調べている。世界最大の主鏡（約 4m）をもつダニエル・K・イノウエ太陽望遠鏡（DKIST）も 2022 年に本格稼働を開始しており、日本の次期太陽観測衛星 Solar-C（2027 年頃に打ち上げ予定）も合わせて、地上・スペース・太陽近傍からの新たな太陽観測時代が幕を開けつつある。

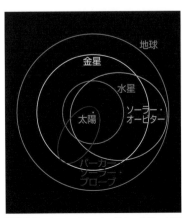

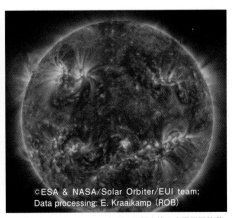

©ESA & NASA/Solar Orbiter/EUI team;
Data processing: E. Kraaikamp (ROB)

図表 2-9　右：ソーラー・オービターの撮った極紫外線の太陽全面像。左：2024 年頃の両探査機の太陽周回軌道。

プラスワン

コロナの種類

コロナはその輝き方でKコロナ、Eコロナ、Fコロナと呼び分けている。K（Kontinuierlich：連続）は、高温のコロナで電離（☞用語集）した電子に、太陽からの光が当たって散乱された光である。コロナの電子は 5000km/s もの高速で運動しているため、散乱する光はドップラー効果によって、太陽光に見られる吸収線はかき消されてしまう。そのため、連続した光として光るのがKコロナである。F（Fraunhofer）は吸収線（フラウンホーファー線）が見られるコロナで、惑星間空間に存在する微小な塵（ダスト）が太陽光を散乱したものである。Fコロナはそのまま黄道光につながっている。E（Emission：輝線）は高温コロナ中で電離したイオンから放射される輝線で光っているコロナである。

▶ **双極磁場** ☞用語集

プラスワン

恒星コロナ

太陽以外の多くの恒星にも、コロナは存在している。恒星は太陽よりもはるかに遠いため、そのコロナを直接観察することはできないが、コロナに特有のX線が観測されており、コロナの存在は恒星にとって珍しいものではないことがわかってきた。コロナの形成には、磁場が関わっていると考えられており、コロナが発するX線の強さは、恒星の磁気的な活動度の1つの指標になっている。

2章 4節 太陽の活動と人類の活動

ポイント 太陽から放射される莫大なエネルギーは地球生命の源にもなっている。その活動に変化があれば、地球環境へ多大な影響を及ぼし、地上に住むものにとって死活問題となることもある。太陽活動にはどのようなものがあるのだろう。太陽の活動と我々の地球との関係について紹介しよう。

コロナ質量放出 ©SOHO/NASA

▶ **太陽風** (ほか)用語集

プラスワン

太陽風とCMEの特徴

驚くべきことに、太陽からは毎秒100万t(トン)ものガスが噴出している。ガスの噴出をになうのは、主に太陽風と呼ばれる定常的なプラズマの流れである。太陽風には、高温で低密度の高速成分と、低温で高密度の低速成分がある。コロナ質量放出でも大量のガスが噴出するが、突発的な現象で発生頻度が低いため、その全体への寄与は小さい。表は1AUにおける高速太陽風・低速太陽風・コロナ質量放出の速度、温度、密度である。

	速度 (km/s)	温度	密度 (/cm³)
高速風	700～900	約10万K	数個
低速風	300～500	約5万K	～10
コロナ 質量放出	300～1000	約1万K	数個

① 太陽フレアとコロナ質量放出と地球環境

我々が太陽面に見ることのできる現象の多くは、磁場の活動によって引き起こされる。その中で最も激しい現象はフレアと呼ばれる爆発現象だ。フレアは、複雑に交錯する磁力線がより簡略な磁力線構造へつなぎ変わることによって発生し、その過程で蓄えられた磁場のエネルギーが様々なエネルギーへ変換される。

フレアなどの太陽活動によって、太陽からは大量のエネルギーやガスが太陽系空間へと放出される。コロナにある物質が放出されるため、この現象を**コロナ質量放出**と呼んだり、英名（Coronal Mass Ejection）の頭文字をとって**CME**と呼んだりする。

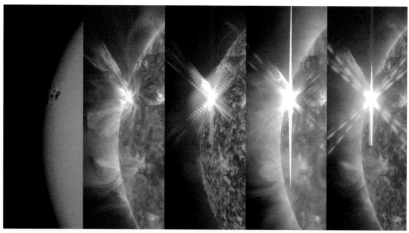

図表2-10 異なる波長で撮影したXクラスフレア発生の瞬間 ©NASA/SDO

コロナ質量放出が地球へ到達すると、地球磁気圏のバランスを崩すことがある。これを磁気嵐と呼んでいる。磁気嵐では、発電所や変電所の電気機械が壊れて停電が起こったり、長距離の電波通信に障害が発生したりする。

またCMEが発生すると、爆発的に太陽風の密度が高くなったり、速度が

速くなったりする。そして大量の高エネルギー粒子（放射線粒子、または太陽宇宙線☞ p.132 傍注）が地球へ降り注ぎ、大気の外にある人工衛星が壊れた例がいくつもある。宇宙飛行士は被曝の危険にさらされる。

　太陽からの人間に害となる電磁波（ガンマ線、X線、紫外線など）のほとんどは、地球大気に吸収され地表へ届かないので、地上にいれば太陽活動による被曝の影響はない。しかし、昨今の国際宇宙ステーションでの活動や、将来の宇宙旅行においては、地球の外の宇宙空間へ出ることになるので、有害な放射線を被曝しないような対策が必要である。

② 太陽型恒星のスーパーフレア

　磁力線のサイズは様々であり、通常のフレアに対して、非常に小規模の磁力線の繋ぎ変えは小さなフレア（**ナノフレア**）を引き起こすが、非常に大規模な磁力線の繋ぎ変えが起これば、巨大なフレアが生じるだろう。そのようなフレアを**スーパーフレア**と呼ぶ。ケプラー宇宙望遠鏡を用いた観測から、太陽に似たタイプの星で、巨大フレアが起きていることがわかってきた。

　自然界の現象では、地震のように、小規模の事象は数多く起こるが、大規模の事象ほど件数が減る法則があり、「べき乗則」として知られている。フレアについても、通常の太陽フレアよりも、小規模なナノフレアの発生頻度は多く、太陽型星での巨大フレアの頻度は少ない（図表2-11）。スーパーフレアを含む、太陽型星のフレアの発生頻度の分布は、エネルギーが10倍になると頻度が10分の1となる、べき乗則で表されることがわかってきた。

　研究者の見積もりでは、平均的には、最大級の太陽フレアより100倍大きなスーパーフレアは約800年に1回、1000倍大きなスーパーフレアは約5000年に1回発生する可能性がある。過去の例では、1989年3月に起こった巨大フレアによって、カナダの送電線が損壊し、ケベック州では9時間に及ぶ大停電が発生したことがある。太陽でスーパーフレアが起これば、地球は甚大な被害を受ける可能性が高い。スーパーフレア災害に対する危機管理と対処法は大きな課題だろう。

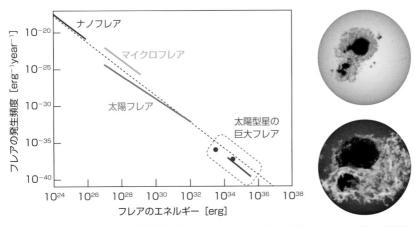

図表2-11　フレアのエネルギーと発生頻度（左：Maehara et al. 2015を改変）と巨大フレア源として想定される巨大黒点（右 © 京都大学）

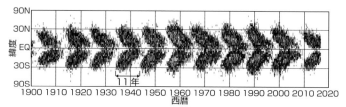

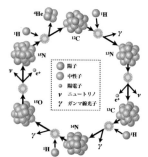

▸▸▸ 太陽活動の源と活動周期

太陽活動の源は、太陽の中心核で起こっている熱核融合反応である。夜空に光る星々も同じしくみで輝いている。星間雲と呼ばれる宇宙空間を漂うガスの密度の高い領域が、自己重力により収縮して球形に集まったものが恒星である。ガスの収縮に伴い中心の温度が上昇し、中心部で熱核融合が始まったときが、恒星誕生の瞬間だ。太陽の場合、中心温度は 1400 万 K に達しており、熱核融合反応で、約 100 億年間（現在は誕生から約 50 億年経過）輝きを保ち続けられると考えられている。

太陽の内部では、水素がヘリウムに変わる反応が起きている。反応の過程で、ガンマ線、陽電子（電子の反粒子）、ニュートリノが生じるが、ニュートリノは太陽を素通りしほぼ光速で逃げていく。また、陽電子は周囲の電子と衝突しガンマ線に転じるため、結局、ガンマ線のエネルギーが太陽内部を伝わり始めることになる。

中心部で生じたエネルギーは、まず太陽の放射層を約 1000 万年かけて通過する。対流層まで運ばれたエネルギーは、ガスの効率的な対流運動によって、数カ月程度で太陽表面まで運ばれる。はじめはガンマ線だったエネルギーは、伝達の途中で次第に可視光や熱、ガスの運動のエネルギーへと変換される。

フレアなどの太陽活動の原因になる磁場も、このエネルギー伝達の途中でつくられると考えられている。面白いことに、太陽の中心部ではエネルギーが一定の割合で発生しているはずなのに、その伝達の過程でつくられる磁場（黒点）には、その発生率に周期的な変動が存在する。太陽活動の 11 年周期である。

下の図は、黒点の出現緯度（縦軸）を、出現の時系列（横軸）で分布させた図であり、蝶が羽を広げた形に似ていることから、バタフライダイアグラム（蝶形図）と呼ばれる。黒点が多い時期（太陽活動が活発）と少ない時期が交互に繰り返し、その周期が約 11 年になっていることが見てとれるだろう。黒点の発生に周期性がある理由はまだ完全には解明されておらず、太陽に関する最大の謎である。

Question 1 ■ ■ ■ ■

黒点で温度が低くなっている理由は何か。

1. 1000 ガウス程度の磁場があり、光球に小さな凹みを作りだしているから
2. 磁場が強いため、内部からの熱の輸送が妨げられているから
3. 対流渦の頂点になっているから
4. 周縁部で太陽大気による光の吸収があるため

Question 2 ■ ■ ■ ■

太陽表面は 6000K といわれるが、どのようにして温度を測ったのか、正しいものを 1 つ選べ。

1. 太陽の色や線スペクトルの観測によって、温度を推定した
2. 地球表面の温度と太陽までの距離から、温度を計算した
3. 太陽に近づいた宇宙飛行士が、温度を測定した
4. 宇宙船に搭載した温度計を太陽に落下させ、温度を測定した

Question 3 ■ ■ ■ ■

写真のような太陽全面を覆う筋状の構造（ガスが秒速 30 km の速さで噴き出し、その 1 本 1 本は 5 分程度で消滅）は何と呼ばれるか。

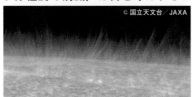
© 国立天文台／JAXA

1. プラージュ　　　2. プロミネンス
3. ダークフィラメント　　4. スピキュール

Question 4 ■ ■ ■ ■

11 年の太陽周期で活動が穏やかな時期に起こる現象はどれか？

1. 大気中の放射性同位体 14C が減少する
2. 太陽系外からの宇宙線が増加する
3. オーロラが発生しやすい
4. 黒点数が多くなる

Question 5 ■ ■ ■ ■

次のうち、同じ現象のペアはどれか。

1. コロナとフレア
2. コロナとダークフィラメント
3. フレアとプロミネンス
4. プロミネンスとダークフィラメント

Question 6 ■ ■ ■ ■

太陽の光球の上空 2000 ～ 1 万 km の層の部分を何というか。

1. プラージュ
2. コロナ
3. 対流層
4. 彩層

Question 7 ■ ■ ■ ■

太陽の粒状斑が望遠鏡でなんとか観測できた。望遠鏡の分解能を 1 秒角、粒状斑がわかるためには粒状斑が 2 秒角に見える必要があるとする。太陽の直径を 100 万 km、みかけの角度を 0.5 度＝ 2000 秒角として、粒状斑の大きさはどれくらいか？

1. 500km
2. 1000km
3. 2000km
4. 5000km

Question 8 ■ ■ ■ ■

太陽からのエネルギーやガスの放出について、誤っているものは次のどれか。

1. 高速太陽風は低速太陽風に比べて密度が低く温度も低い
2. コロナ質量放出（CME）の中には地球近傍で 1000km/s の速度に達するものがある
3. 太陽からの波長の短い電磁波は、地球大気に吸収され地表に届かない
4. 太陽風が原因で毎秒約 100 万トンのガスが太陽から流出している

Question 9 ■ ■ ■ ■

次のうち、太陽磁場の発見に関係しないのはだれか。

1. ジョージ・ヘール
2. ピーター・ゼーマン
3. ノーマン・ロッキャー
4. ピエール・ジャンサン

Question 10 ■ ■ ■ ■

図は CNO サイクルの模式図である。触媒として働く 6 つの原子核のうち酸素(O)はいくつあるか。

1. 1 個
2. 2 個
3. 3 個
4. 4 個

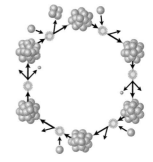

Answer 1 ■■■■

❷ 磁場が強いため、内部からの熱の輸送が妨げられているから

❶は白斑の説明。黒点は周りより温度が低いため、黒くなっているように見える。

Answer 2 ■■■■

❶ 太陽の色や線スペクトルの観測によって、温度を推定した

どの元素からの線スペクトルがどれくらい強く見えているかを観測すれば、太陽表面の温度を推定できる。惑星は、惑星内部の熱で暖められたり、いろいろな要因で温度が変化するため❷は誤り。また、太陽の温度は非常に高く、宇宙船や温度計も近づくとガスになるため❸❹も誤り。

Answer 3 ■■■■

❹ スピキュール

図表の真ん中の線が太陽の縁で、そこから無数に生えているとげのような構造がスピキュール。その長さは6000km程度で、彩層のガスがコロナに向かってジェット上に噴出している。

Answer 4 ■■■■

❷ 太陽系外からの宇宙線が増加する

宇宙線は、磁場の中に入りにくい性質がある。11年の太陽活動が静穏である時期には、太陽系内に及ぼす磁場が弱くなり、宇宙線が太陽系外からやってきて地球へも降り注ぐ。

Answer 5 ■■■■

❹ プロミネンスとダークフィラメント

いずれも、太陽の上空に浮かび上がった雲のようなものである。地球から見て太陽の縁にあると背景が暗いのでプロミネンスとして見え、太陽面に重なっていると、太陽光を吸収するので、暗いダークフィラメントとして見える。

Answer 6 ■■■■

❹ 彩層

プラージュは彩層の中の活動的な領域のことであり、コロナは彩層のさらに上空の部分を指す。

Answer 7 ■■■■

❷ 1000km

太陽の幅2000秒角のなかの2秒角が粒状斑なので、太陽の幅の1000分の1ということになる。ここでは太陽の幅＝直径を100万kmとしているので1000kmになる。なお、実際の太陽の直径は140万kmである。およその使いやすい数字を使って、ものごとの見当をつけることは大切な方法である。

Answer 8 ■■■■

❶ 高速太陽風は低速太陽風に比べて密度が低く温度も低い

❶が誤り。高速風は低速風よりも温度は高い。面白いことに、高速風は、『コロナホール』と呼ばれるコロナの中でも温度や密度が低い領域を源としている。コロナホールと高速風領域は、太陽活動極大期には極域付近に集中しているが、太陽活動が静かになるにつれ、中緯度域へと広がっていき、太陽活動極小期には極域から中緯度までの広い範囲を占めるようになる。

Answer 9 ■■■■

❹ ピエール・ジャンサン

1908年、ジョージ・ヘールはそれぞれ独立して行われていたノーマン・ロッキャーによる観測結果とピーター・ゼーマンの実験結果とを結び付け、太陽黒点に2000〜3000ガウスの磁場があることを突き止めた。ピエール・ジャンサンは1868年に太陽スペクトル中から新元素ヘリウムを発見した人物。

Answer 10 ■■■■

❶ 1個

核反応のCNOサイクルは、原子核CNOを触媒として、水素がヘリウムに変換していく反応サイクルである。このサイクルでは、Cが2回、Nが3回、そしてOが1回現れる（☞ p.32）。

★ おまけコラム ★

宇宙天気予報

　フレアやコロナ質量放出は生活に影響が及ぶため、太陽の活動を監視して、地球への影響を予測し、情報提供するシステムが宇宙天気予報である。国内では、NICTがその業務を行っており、インターネットで情報公開している。影響の大きい、宇宙開発、航空や船舶、電力事業関係者などは、宇宙天気予報の情報をもとに業務に携わっている。

3 章※

まだ謎だらけ（!）の太陽系

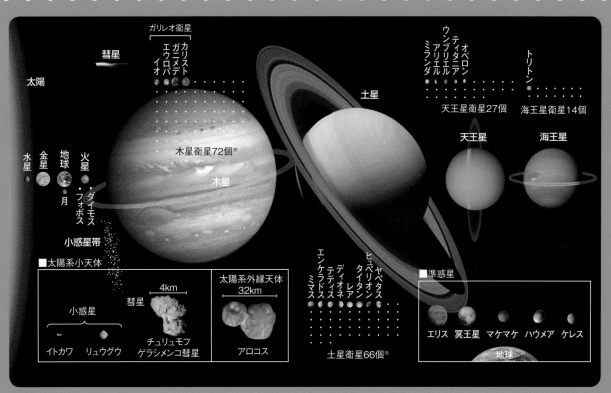

2006 年に太陽系にある天体が定義付けされ、惑星・準惑星・太陽系小天体という大まかな 3 区分ができ、太陽系の知見も広がりつつあるが、特に海王星以遠の太陽系外縁部は未発見の天体が未だ多く眠っている。2019 年にニューホライズンズ探査機が太陽系外縁天体の 1 つ、アロコス（仮符号 2014 MU$_{69}$、通称ウルティマトゥーレ）のフライバイ探査に成功し、太陽系外縁部の研究が増々進展すると期待されている。
※木星と土星の衛星数は、確定番号が付いている数。軌道が未確定で仮符号だけが付いたものも含めると 2022 年 12 月時点で 82 個、83 個（同一天体もしくは粒子塊の可能性がある天体をふくめると 86 個）。

火星の素顔

火星は、いまでこそ赤褐色の砂に覆われた乾いた惑星のようにみえるが、かつては大量の水があったと考えられており、現在でも極冠（火星の両極地方に見られる白く輝く部分）の下に大量の水が凍っていると推測されている。

ESA（欧州宇宙機関）が打ち上げた火星探査機マーズエクスプレスがとらえた火星クレーター底の凍った湖。
©ESA ／ DLR ／ FU Berlin

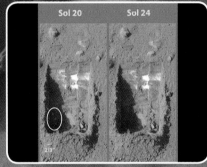

火星探査ランダー、フェニックスのロボットアームが火星地表をすくった跡。左画像の左下隅にあった水の氷が、4日後の右では蒸発して消えている。
©NASA/JPL-Caltech/University of Arizona/Texas A&M University

形状の季節変化から近年に液体が流れた痕であると考えられていた、斜面に繰り返し出現する筋（Reccurent slope lineae、RSL）は、最近の研究で乾いた砂や個体微粒子が滑り落ちた痕である可能性が指摘されている。個体微粒子が滑り落ちる原因はまだわかっていないが、水を含む鉱物が関わっている可能性も考えられる。
©NASA/JPL-Caltech/UA/USGS

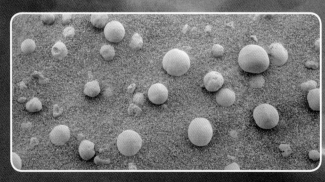

火星探査ローバー、オポチュニティにより発見された火星の球状ヘマタイト(赤鉄鉱)。平均直径4mmのボールは、火星表面の水の流れによって鉱物が沈殿して形成されたと考えられる。©SPL/PPS通信社

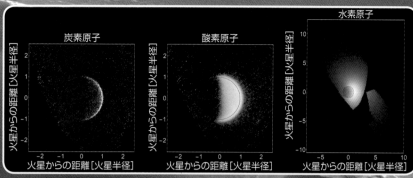

火星周回探査機 MAVEN（Mars Atmosphere and Volatile EvolutioN）が観測した、火星上空での炭素原子（左）、酸素原子（中）、水素原子（右）の分布の様子。図中の赤い線の丸印が火星表面を示しているが、火星表面より上層にも各原子が存在していることがわかる。これは、各原子の元となる二酸化炭素や水が宇宙空間へと散逸しているプロセスがあることを示している。©NASA/Univ. of Colorado

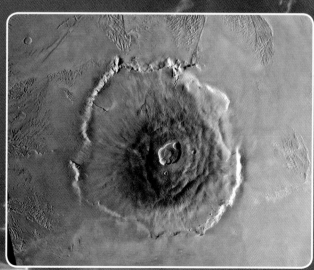

火星のオリンポス山は標高約 25,000 m、直径約 600 kmの太陽系で最大級の火山。写真は 1978 年にバイキングが撮影したものから合成した。©NASA/JPL

3章

1節 惑星が惑う星と呼ばれるわけ

ポイント　さそり座を見ようと思ったら夏、オリオン座を見ようと思ったら冬に夜空を見上げればよい。でも、惑星は星座と違って決まった季節に見えるわけではない。日を追うごとにその位置を変えていく。まるで不規則とも思える惑星の見かけの動きについて理解しよう。

▶ 順行・逆行・留
　☞ 用語集

▶ 惑星が最も明るく見えるのはいつ？
外惑星は衝の頃が最も明るい。地球に一番近くなるからだ。ところが満ち欠けをする水星は地球から一番遠い外合の頃が満月状態となり最も明るい（ただし外合時は太陽に近いので観察は困難）。金星も同じく満ち欠けをする惑星だが、内合と外合では地球からの距離が大きく異なり、視直径は 10 秒～ 60 秒角の間で大きく変化するため、地球に近い内合前後の方が明るく見える。ただし、視直径が最大となる内合時は、新月と同じように見ることはできないため、最大光度となるのは内合と最大離角の中間くらいで、太めの三日月型をしている頃だ。

▶ 視直径 ☞ 用語集

攻略ポイント
東方（西方）最大離角の頃には、どの惑星が・いつ頃・どの方角に見られるか？

1 さまよう星 "惑星"

　古代の人々も、肉眼で見える水星・金星・火星・木星・土星は星座の星々とは見え方が違うことに気がついていた。たとえば、しし座付近で見えていた火星が少しずつ東へ移動し3カ月後にはおとめ座で見え、さらに東へ移動した3カ月後には、いて座で見えるという具合だ。しかも、途中で少しだけ西へ戻ることもある。まるで星座の中をさまよっているようにも見える。惑星のことを英語で planet というが、この語源はギリシャ語で「さまよう人」を意味する planetes からきている。「惑」にも、「惑う」とか「惑わす」という意味があるが、まさに夜空を移動する「惑う星」、あるいは我々を「惑わす星」なのだ。

　今では我々は、なぜ惑星が星座の星々とは違う動きをするのか、その仕組みを知っている。惑星が太陽の周りを回っているからだ。太陽系の惑星は、

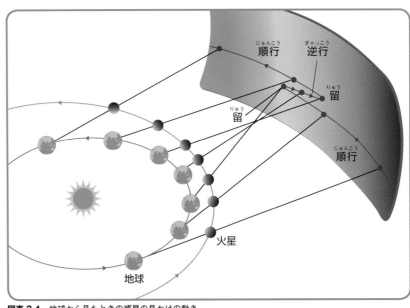

図表 3-1　地球から見たときの惑星の見かけの動き

太陽の周りをみんな同じ向きに公転しているので、地球から見ると、黄道付近に沿って少しずつ東へ移動（**順行**）していくように見える。もし、逆向きに公転している惑星があったら西へ移動していくだろう。このように通常は東へと移動していくのだが、やっかいなことに我々が住んでいる地球も太陽の周りを回っているので、地球から見た惑星の動きは少々複雑になる。内惑星は、ときどき地球を追い抜き、外惑星は地球に追い抜かれることがある。その様子を地球から見ると、東へ移動していた惑星が西へ戻るように見えるのだ（**逆行**）。

図表3-2　肉眼で見られる5つの惑星の見かけの動きの特徴

水星	太陽に近く公転周期が短いため、日々大きく移動する。1、2カ月ごとに西方最大離角・東方最大離角をむかえるので、そのたびに明け方の東の空・夕方の西の空に見られる。
金星	水星ほど動きは速くはないが、宵の明星として夕方の西の空に見えていたと思うと、数カ月後には明けの明星として明け方の東の空に移動している。
火星	地球に近いので、約2年2カ月ごとの地球との接近のときには動きの変化が大きい。接近の前後（衝の頃）約2カ月間は夜空を逆行している様子が見られる。
木星	黄道12星座の中を1年に1つずつ移動し、12年かけて一周する。12年で一回りすることから中国では歳を表す星という意味の「歳星」と呼ばれていた。
土星	約30年かけて黄道12星座を一周する。1つの星座を2年くらいかけて移動するので、何年間か続けて同じ季節に見られる。

② 惑星の見え方の特徴

　見かけの位置が太陽に近い水星・金星は、まぶしい太陽が地平線の下にあるとき（日の出前か日の入後）に見られる。**西方最大離角・東方最大離角**の頃が見ごろ。外惑星は、**衝**のときに真夜中に南中し一晩中見えるので、衝の前後数カ月間が見やすい。

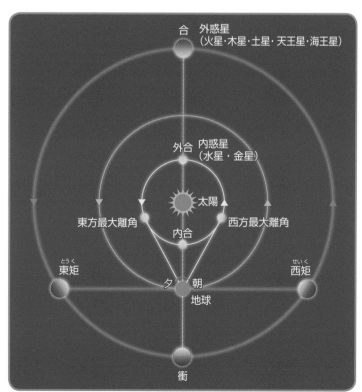

図表3-3　地球と内惑星・外惑星の位置関係

▶ 逆戻りする太陽⁈

つぶれた楕円軌道をもつ水星では、近日点付近で公転速度が自転速度を上回るので、太陽が少しの間逆戻りするように見える。もしこれが日の出の頃に起きたら、2度目の日の出が拝めることになる！しかも、近日点の時は遠日点より約1.5倍太陽が大きく見えるだろう。

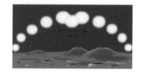

プラスワン

君も市民科学者

木星を写真に撮ってみたい！でも大きな望遠鏡がない。そんな人は一般公開された探査機ジュノーの最新データを画像処理してみては？以下からダウンロードできる。渦巻く雲が描く模様など、天文ファンが創り上げた画像はまるでアートのようだ。
https://www.missionjuno.swri.edu/junocam

3章
2節 ケプラーの法則の真の意味

> **ポイント** ケプラーが解明した惑星の運動の法則は、ニュートン力学に引き継がれ、天体の運動だけではなく、様々な物体の運動にも関連している。惑星の規則的な公転運動からわかることをみてみよう。

▶ 離心率

焦点 S（太陽）と S' が中心 O から離れている割合を離心率という。軌道長半径（長い方の軸の半径）を a、離心率を e とすると、近日点距離は a (1-e)、遠日点距離は a (1+e) となる。つまり離心率が 0 のときは、a (1-e) = a (1+e) となり円を表す。離心率が 1 のときは放物線を表す。水星以外の惑星の e は 0.1 未満、つまりほぼ円に近い楕円軌道をもつ。水星は e = 0.206 である。

▶ 第2法則

図表 3-4 において、ある一定の時間内に、A の位置の惑星は B に、C の位置の惑星は D に、E の位置の惑星は F に移動したとする。そのとき、太陽と惑星を結ぶ線分が描く面積 SAB、SCD、SEF が常に等しくなるように惑星は運動する。また、近日点と遠日点では $v_1 r_1 = v_2 r_2$ となる。これがケプラーの第2法則である。なお、ケプラーの3つの法則は、惑星と衛星（あるいは人工衛星）との間でも成り立つ。

▶ 焦点 ☞用語集

▶ 遠日点・近日点 ☞用語集

---

① 惑星の軌道は楕円だった

まだ惑星の軌道が円なのか楕円なのかわかっていなかった 17 世紀初頭、惑星の運動の基本的な法則を発見したのがヨハネス・ケプラーだ。

＜ケプラーの法則＞

第1法則：惑星は太陽を1つの**焦点**とする楕円軌道を公転する。

第2法則：惑星は、太陽と惑星を結ぶ線分が、単位時間に一定の面積を描くように運動する。つまり、惑星の公転速度は**近日点**付近では速く、**遠日点**付近では遅くなる。

第3法則：惑星の**軌道長半径**の3乗と、惑星の公転周期の2乗との比は、どの惑星でも一定である。軌道長半径を a（天文単位）、公転周期を P（年）とすると、すべての惑星について $a^3 / P^2 = 1$ となる。つまり、太陽から遠い惑星ほど公転速度が遅い。

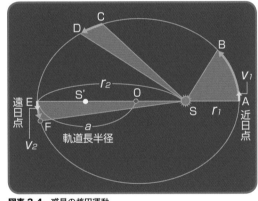

図表 3-4　惑星の楕円運動
S（太陽）と S' が楕円の焦点。r_1、r_2 は近日点 A、遠日点 E における惑星-太陽間の距離。v_1、v_2 は A、E における惑星の公転速度。

② 万有引力の発見

ケプラーによって経験的に発見された法則を理論的に証明したのがアイザック・ニュートンである。ニュートンは、惑星が太陽の周りを公転するのは、惑星と太陽との間に働く力、引力があるからではないかと考えた。そして、ケプラーの法則とニュートン自身の運動法則から、太陽の質量と惑星の質量の積に比例し、距離の2乗に反比例するような力が太陽と惑星の間に働いていることを見出したのである。これが**万有引力**である。ニュートンは、この引力が天体に限らずあらゆる物に働くと考えた。

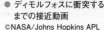

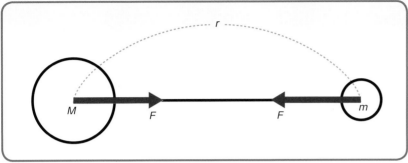

図表 3-5　万有引力
万有引力 F の大きさは、物体の質量を M, m、物体間の距離を r とすると、$F=G\dfrac{Mm}{r^2}$ となる。G は万有引力定数。

▶ 軌道長半径 ☞ 用語集

プラスワン

1 年の半分は何日？
春分点、秋分点は地球の公転軌道を二分する点である。当然、春分の日と秋分の日の間の日数は 1 年の半分、つまり同じ日数になるものと思うが、実はケプラーの第 2 法則により春分から秋分までの日数の方が少しだけ長いのだ。

▶ 天文単位 ☞ 用語集

▶ 三角測量 ☞ 用語集

③ ケプラーの法則からニュートン力学へ

　ケプラーの第 2 法則は **「面積速度一定の法則」** とも呼ばれ、後のニュートン力学の「角運動量保存則」と同じ意味である。外から何も力（摩擦など）が働かないかぎり、回転している物体の角運動量は保存される、というものだ。他に角運動量が保存している例としてフィギュアスケート選手のスピンがある。角運動量 L は、物体の重さを m、回転する物体の半径を r、速度を v とすると、$L=mrv$ で表されるので、腕を伸ばすと（半径が大きくなると）遅く回転し、腕を縮めると高速回転になるのだ。

④ 惑星までの距離はどうやって測る？

　ケプラーの第 3 法則のおかげで、観測から惑星の公転周期を知ることで、惑星までの平均距離が天文単位という「比率」でわかるようになった。これを「実際の距離（km）」にするためには、どこか 1 カ所でも実際の距離がわかればよい。縮尺を計算して、他の惑星の距離も比率から km に直すことができるからだ。たとえば、金星の太陽面通過（☞ 3 級テキスト 4 章 6 節）を地球上の 2 カ所以上の地点で観測すると、地球上の観測地点間の距離は実際に計測できるので、三角測量の原理を使うことで手の届かない金星までの距離がわかるのだ。最近では、近くの惑星の距離は三角測量の代わりにレーダーで測定したり、惑星探査機の運動を調べたりすることで、さらに精度の良い測定が行われている。

▶ **小惑星の軌道変更に挑戦**
NASA は 2022 年 9 月 26 日、直径約 160m のディモルフォスに約 570kg の探査機 DART を時速 2 万 2530km でぶつける実験を試みた。ディモルフォスは小惑星ディディモスを約 12 時間で公転する衛星。この衝突で公転周期が数分短くなり少し内側の軌道に移ると見積もられている。今後軌道の変化を観測し、4 年後には別の探査機が衝突現場を訪れる計画だ。この小惑星は地球から 1100 万 km 離れており地球に衝突する可能性はないが、今回の実験が地球防衛の技術確立に役立つと期待されている。

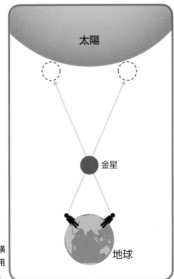

図表 3-6　金星の太陽面通過の観測
離れた 2 地点間で同時に観測すると太陽面を横切る金星の位置がずれて見える。この視差を利用して地球ー金星間の距離を求めることができる。

衝突の 11 秒前に DART が撮影したディモルフォス
©NASA/Johns Hopkins APL

3章

3節 太陽系の最果てには何がある

ポイント 太陽系がどこまで続いているのか、まだ研究の段階ではあるが、観測技術の進歩とともに地球からより遠い天体まで見えるようになり、それに伴って我々が直接知ることのできる太陽系の大きさが広がってきた。

プラスワン

最も遠い天体
太陽系外縁天体 2012 VP_{113} は、太陽に最も近づく時でも約 80 天文単位と、海王星までの 2.7 倍もあり、近日点距離が最も遠い天体だ。他にも、近日点距離 76 天文単位のセドナ、74 天文単位の 2019 EE_6 など、太陽から遠い天体が続々と発見されている。これらは遠日点距離が数百〜数千天文単位あり、太陽の周りを公転するのに数百〜１万年以上もかかる。オールトの雲から来た天体なのかもしれない。

▶ **エッジワース・カイパーベルト** ☞用語集

▶ **ボイジャー１号、２号**
NASA の探査機で、1977年９月にボイジャー１号が、同年８月に２号が打ち上げられた。木星・土星・天王星・海王星に接近したのち、太陽系の外側へと飛行を続けている。進むスピードは１号の方が速く、地球から最も遠い探査機となった。2018年、ボイジャー２号も太陽から120天文単位のところで太陽圏から脱出した。

▶ **オールトの雲** ☞用語集

① 広がる太陽系?!

地動説の普及とともに、水星・金星・火星・木星・土星の５つの惑星は、太陽の周りを回る天体であることが認知された。また、ハレー彗星などの彗星も、ニュートンの万有引力の法則により、太陽の周りを公転する天体であることがわかった。さらに、1781年に天王星の発見、1846年に海王星、1930年に冥王星の発見と、観測技術の発展とともに、太陽系の大きさが広がっていった。そして、新たな惑星を発見しようと観測が進み、1992年に海王星よりも遠くで**エッジワース・カイパーベルト天体** 1992 QB_1（後にアルビオンと命名）が発見された。その後も同じような領域で続々と小天体が発見され、ついに2005年、冥王星よりも大きな天体エリスが発見された。その頃までには冥王星やエリスに似たような小天体がたくさん発見されてきたため、2006年、国際天文学連合は惑星の定義をつくり、冥王星やエリスを**準惑星**という新しい分類に分けたのである。

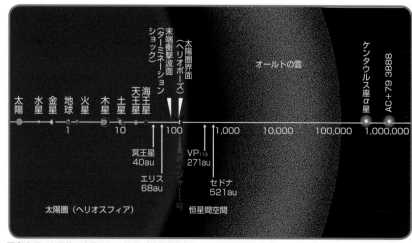

図表 3-7 各天体の太陽からの距離（軌道長半径）と太陽圏界面を通過したボイジャー１号の位置。横軸の数値は太陽からの距離を示す天文単位

② 太陽の影響力 "太陽風" はどこまで届く?

太陽からは、**太陽風**と呼ばれるプラズマ粒子が超高速（300～700km/s）で絶え間なく吹き続けている。太陽風は太陽系の中を通り抜ける間に少しずつ速度が遅くなり、海王星よりも先になると星間ガスとぶつかって急激に減速され衝撃波面が形成される。2004年12月に探査機ボイジャー1号がこの場所を通過した。これより先は、次第に太陽風が星間ガスの圧力と釣り合って、あるところでほぼ止まってしまう。この境界を**太陽圏界面(ヘリオポーズ)**という。ボイジャー1号から届くデータを分析したところ、2010年6月以降、太陽からおよそ110天文単位のところから太陽風の速度がほぼ0になっていることがわかった。そして2012年8月以降、ボイジャー1号はかつてない高密度のプラズマで満たされている領域に入っていることがわかり、その時点をもって**太陽圏（ヘリオスフィア）**を脱出し、恒星間空間に入ったと考えられている。太陽からおよそ125天文単位のところであった。

③ 太陽系はどこまで続いている?

太陽風が届く範囲の先にも太陽系外縁天体は発見されている。太陽の引力が及ぶ範囲はもっと広いからだ。では、どこまで続くのだろうか。そのヒントは彗星にある。地球に近づいたことのある彗星の軌道を逆にたどっていくと、もともと彗星がいた場所が推測できる。1つは、**オールトの雲**と呼ばれる、太陽系を包むように広がる半径1光年ほどの球殻状の領域だ。あまりにも遠いため、小さな彗星が実際にそこにあるかどうか観測されてはいないが、逆向きに公転しているものや、黄道面に対して垂直の方向からやってくるものなど、あらゆる方向からくる彗星が見つかっている。いろいろな方向からやってくる**長周期彗星**は、もともとオールトの雲の領域にいて、なんらかの影響で軌道が変化し、太陽の引力に引かれて太陽系の中心までやってくるのではないかと考えられている。

一方、惑星の軌道面とほぼ同じ方向からやってくる**短周期彗星**がいる領域としてエッジワース・カイパーベルトが考えられている。オールトの雲と違って、この領域には実際にたくさんの天体が見つかっている。

太陽系の大きさに明確な定義はないが、太陽の引力が及ぶ範囲、つまり太陽の周りを回っている最も遠い天体がある領域はオールトの雲のあたりだと考えられている。

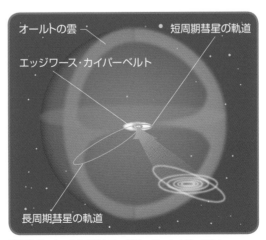

図表 3-8　オールトの雲とエッジワース・カイパーベルト

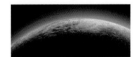

3章 4節 太陽系のつくり方

ポイント 太陽系の質量は、そのほとんど（約99％）を太陽が占めている。残りの材料からどのようにして惑星が形成されたのだろうか。また、なぜ木星は大きな惑星へと成長できたのだろうか。最新の理論と観測結果からわかってきた太陽系の起源についてみてみよう。

プラスワン

続く小惑星探査

小惑星探査では初となるトロヤ群に属する小惑星（☞3級5章）を訪れる NASA の探査機ルーシーが 2021 年 10 月に打ち上げられた。小惑星は惑星を形成した材料の残りだと考えられており、太陽系の成り立ちを知るうえで重要な存在だ。ルーシーは 2025 〜 2033 年の間に複数個の小惑星をフライバイしながら探査する予定。

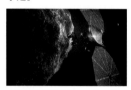

小惑星を探査するルーシーのイメージ図
©Southwest Research Institute

▶ **隕石は宝の山**

宇宙から飛来した隕石は、太陽系の起源を知るための鍵が詰まっている。隕石は約 46 億年前に形成された太陽系で最も古い岩石であり、その構成物質がどのようにしてつくられたのかを調べることは、誕生したばかりの太陽系がどのような環境だったかを知ることにつながるからだ。

1 惑星はどうやってできた？

地球ができたのは今からおよそ 46 億年前。46 億年という数字は、隕石の年齢や地球上に存在する最も古い岩石や鉱物の年齢など様々な状況証拠から推測されたものである。現在考えられている太陽系形成の基本的なシナリオは、1980 年頃に京都大学の林忠四郎が提唱した京都モデルが標準となっている。それによると、およそ次のような過程でつくられたと考えられている。

（1）太陽が形成されたときの残りの材料から、太陽の周りにガスや塵からなる**原始太陽系円盤**ができる。

（2）円盤のなかの塵がどんどん集まって、直径数 km くらいの**微惑星**がたくさんできる。

（3）微惑星の衝突合体により**原始惑星**が形成される。

（4）原始惑星の巨大衝突により地球型惑星が形成される。木星型惑星は大きく成長した原始惑星がガスを大量に集積してできる。ガスを十分に集めきれなかった原始惑星が天王星型惑星となる。

現在では、原始惑星系円盤をもった太陽系以外の星の姿も観測できるようになり、観測と理論の両方から惑星形成の研究が進んでいる。

図表 3-9 原始太陽系円盤の中で微惑星が衝突、合体しながら成長していくイメージ図。
© 国立天文台・神林光二

② 木星はどうして巨大惑星になれたのか

　大きな原始惑星に成長できるかどうかは、元になる材料が周りにたくさんあるかどうかが鍵の1つとなる。火星と木星の間は、水の昇華温度となる場所で（雪線またはスノーラインという）、これよりも太陽に近い側では、水は水蒸気となり、外側では氷となる。木星から遠くには氷も含めて材料がたくさんあったため、大きく成長し、その強い重力で大量のガスをかき集めて現在の木星・土星になったと考えられている。一方で、原始惑星の形成は太陽から遠いほど時間がかかる。遠いほど材料がまばらになっていくからだ。天王星・海王星は大きくなる前に原始太陽系円盤のガスがなくなってしまい、ガスを十分に集められなかったのではないか、というのが現在考えられているシナリオだ。

③ 火星と木星の間にはなぜ惑星がない?

　火星と木星の軌道の間には、小惑星が無数に帯状に分布している**小惑星帯**がある。これらはなぜ1つの惑星にならなかったのだろうか。原始太陽系円盤の中からできた微惑星は、ほぼすべて同じような向きと円に近い軌道で公転しているため、衝突しても壊れるほど激しいものではなく、互いにくっついて大きく成長していく。ところが、木星の軌道のすぐ内側あたりでは、先に成長して大きくなった木星の巨大な引力の影響で微惑星の軌道が乱され、お互いに激しく衝突して壊れた結果、たくさんの小惑星ができたと考えられている。または、もともとこのあたりには惑星の元となる材料が少なかったからという説もある。事実、小惑星帯の天体を全部合わせても月よりも小さいのだ。

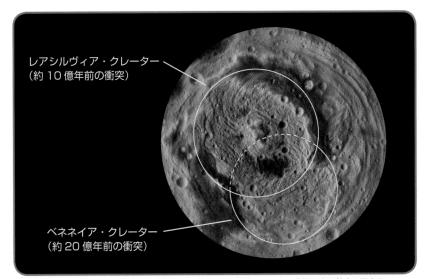

レアシルヴィア・クレーター
（約 10 億年前の衝突）

ベネネイア・クレーター
（約 20 億年前の衝突）

図表 3-10　小惑星ベスタの南半球の標高差を色分けした地形図。ベスタの直径にも匹敵する巨大クレーター「レアシルヴィア」（直径 500km）は、より古いクレーター「ベネネイア」を一部覆い隠している。この時の衝突のインパクトでできた破片が共に同じ軌道を公転し、ベスタ族と呼ばれる小惑星の集団を構成している。©NASA/JPL-Caltech/UCLA/MPS/DLR/IDA/PSI

▶ 太陽面通過 ☞用語集

▶ **雪線（スノーライン）**
原始太陽系円盤の中には水が存在していたと考えられている。ただし、太陽の近くは温かいので水は気体となり（円盤内では圧力が低いため液体とならず昇華して気体となる）、遠く冷たいところでは氷となる。この境界の場所を雪線（スノーライン）と呼ぶ。現在の太陽系の水の雪線は約3天文単位にある。

▶ **小惑星は兄弟同士**
1918 年、平山清次は小惑星の中には軌道が似ているものがあることを発見した。そのような集団を「族」と呼び、元は 1 つの天体が他の天体と衝突し、できた破片が兄弟のように同じ軌道で公転していると考えられている。最近では衝突の現場もとらえられている。

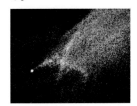

小惑星同士の衝突でできた X 字型の構造。© NASA, ESA, and D. Jewitt（UCLA）

プラスワン

ベスタは原始惑星の生き残り
小惑星ベスタは、小惑星にしては珍しく中心核、マントル、地殻の層構造をもち、地球型の惑星に似ている。また HED と呼ばれるタイプの隕石は、ベスタ内部の複数の層から衝突によって地球にやって来たものと考えられている。探査機ドーンの重力データも、ベスタの内部が分化していることを裏付けた。ベスタは原始惑星がそのまま生き残った姿なのかもしれない。

▶▶▶ ついに一般公開された竜宮の玉手箱の中身

　2022年1月、小惑星リュウグウの粒子の化学的特徴や画像の一般公開が始まった。インターネット上で誰でも利用できる。貴重でおもしろいデータがたくさん詰まっているはずだ。これらのデータは、2020年12月に「はやぶさ2」がリュウグウの粒子を地球に持ち帰ってきてから、1年以上にわたって行われた詳細な初期分析の結果だ。今は世界中から研究テーマを募集し、採用された研究チームに粒子が分配されている。

　「はやぶさ2」本体は次の目的地に向かって飛行中で、2026年に小惑星2001 CC$_{21}$、2031年に小惑星1998 KY$_{26}$に到達する予定だ。

● リュウグウの試料カタログ

データベースで公開されている一番大きな長さ約10mmの粒子 ©JAXA

リュウグウのでき方が明らかに

　リュウグウの粒子の初期分析により、リュウグウが太陽系のどこでどのように誕生したのか次第に明らかになってきた。粒子を構成する鉱物は主に含水層状ケイ酸塩（水があることで形成される鉱物）でできている。これは、リュウグウの元となった母天体にかつて水があったことを示している。おそらく、母天体は太陽系外縁部の冷たいところで大きさ数十kmほどの氷天体に成長し、その中で溶けた水と岩石が反応して含水鉱物ができたと考えられる。そして他の天体と衝突した母天体の破片が地球近くに飛んできて、破片に含まれていた氷が太陽熱で昇華し、隙間の多い構造をもつリュウグウができた。これが現在考えられているシナリオだ。実際、リュウグウの粒子の約4割は空隙だったことともつじつまが合う。

　また、粒子の化学的特徴はCIコンドライトという隕石と似ていることもわかった。しかし、粒子を構成する層状ケイ酸塩鉱物の水のほとんどは宇宙で昇華しているのに対して、CIコンドライト隕石には水分が見つかることから、隕石に含まれる水分の半分くらいは地球上の水蒸気に由来するものなのかもしれないと研究者たちは考えている。リュウグウから直接とってきた粒子は、これまでの隕石研究に新たな視点を与えるとともに、リュウグウの特徴が今後の新しい太陽系の標準モデルとなりそうだ。

走査電子顕微鏡で見たリュウグウの粒子。多面体の形をした磁鉄鉱粒子（Magnetite）の間に含水層状ケイ酸塩鉱物（Phyllosilicate）がある。画像の1辺は約0.015mm。©Nakamura et al.（2022）

　NASAの小惑星探査機オシリス・レックスが2023年に持ち帰ってくる予定の小惑星ベンヌの粒子も日本に提供されることになっているので、両者の比較も楽しみだ。

Question 1

ある日の明け方、東の空に明けの明星が見えた。このとき、その惑星は軌道上のどのあたりにいたと考えられるか。

1. 東方最大離角
2. 西方最大離角
3. 東矩
4. 西矩

Question 2

2023年は11月3日に木星が衝となり、一晩中見頃だ。真夜中には南の空、おひつじ座のあたりに木星が見られる。2024年11月頃の真夜中には、どの星座のあたりに木星が見られるか。

1. おうし座
2. おおいぬ座
3. カシオペヤ座
4. かに座

Question 3

太陽系の最果て、つまり太陽の周りを回っている最も遠い天体がある領域はどのあたりだと考えられているか。

1. 太陽系外縁天体セドナの遠日点付近
2. オールトの雲
3. 太陽圏界面（ヘリオポーズ）
4. ハレー彗星の遠日点付近

Question 4

現在の太陽系の雪線はどの位置にあるか。

1. 金星と地球の公転軌道の間
2. 地球と火星の公転軌道の間
3. 火星と木星の公転軌道の間
4. 木星と土星の公転軌道の間

Question 5

月は地球の中心から約38万kmのところを約27日で公転している。ケプラーの第3法則によると、地球の周りを回る天体（または物体）の軌道長半径の3乗と、その天体（物体）の公転周期の2乗との比は、どの天体（物体）においても一定である。では、衛星放送に使用されている静止衛星は高度何kmくらいのところを周回しているか。地球の半径を6000kmとして考えよ。

1. 約400km
2. 約800km
3. 約3万6000km
4. 約4万km

Question 6

小惑星探査機はやぶさが持ち帰ったイトカワの微粒子の分析結果からわかったこととして、当てはまらないのは次のうちどれか。

1. 地球に落ちてくる隕石の多くは小惑星から飛んできた。
2. イトカワは小天体同士の衝突でできた破片の一部が集積・合体してできた。
3. 小惑星帯にある小惑星は元は1つの惑星であった。
4. イトカワは直径約20kmの天体を起源としている。

Question 7

次の文章の空欄にあてはまる言葉の組み合わせが正しい順に並んでいるのはどれか？
「太陽系の惑星は太陽の周りをみな同じ向きに（　　）しているので、地球から見ると少しずつ（　　）へ移動していくように見える。しかし、内惑星が地球を追い抜く時や、地球が外惑星を追い抜く時は、（　　）へ移動していた惑星が（　　）へ戻るように見える。

1. 自転ー東ー東ー西
2. 自転ー西ー西ー東
3. 公転ー東ー東ー西
4. 公転ー西ー西ー東

Question 8

太陽から近い順に並んでいるものはどれか。

1. 太陽ー小惑星帯ー冥王星ーオールトの雲
2. 太陽ーエッジワース・カイパーベルトー木星ーヘリオポーズ
3. 太陽ー小惑星帯ー地球ーエッジワース・カイパーベルト
4. 太陽ー土星ーヘリオポーズー小惑星帯

Question 9

太陽系惑星の軌道長半径をkmで知るために、特に必要ではないことは、次のどれか。

1. 惑星の公転周期を求める
2. 惑星の見かけの大きさを測定する
3. 金星の太陽面通過を観測する
4. 太陽面通過を観測するときの観測地点間の距離（km）

Question 10

外惑星が最も明るく見えるのは地球から見てどの位置関係にあるときか？

1. 衝の頃
2. 合の頃
3. 東矩の頃
4. 西矩の頃

Answer 1

❷ 西方最大離角

明けの明星とは明け方に見える金星のことである。内惑星なので、見やすい時期は東方最大離角か西方最大離角の頃。明け方に見られるのは金星が太陽よりも先に地平線の上に昇ってくる（つまり太陽の西側に金星がある）西方最大離角の頃である。

Answer 2

❶ おうし座

公転周期が約 12 年の木星は、黄道十二星座の中を約 1 年に 1 つずつ東へ移動していくのが特徴だ。1 年後には東隣の「おうし座」あたりに見られる。❷❸❹も 11 月の真夜中に見られる星座だが、おおいぬ座とカシオペヤ座は黄道から離れたところにあり黄道十二星座ではないので、木星がそのあたりを移動していくことはない。かに座は黄道十二星座だが、おひつじ座が秋を代表する星座なのに対して、かに座は春の星座なので、位置関係を考えるとおひつじ座からはだいぶ離れており、隣の星座ではない。

Answer 3

❷ オールトの雲

オールトの雲の存在は直接確かめられてはいないが、彗星の軌道をたどっていくと数万天文単位もの遠くからやってくることがわかっている。❶セドナの遠日点距離はおよそ 970 天文単位。❸太陽風が届く範囲よりもさらに遠くまで太陽の重力は及んでおり、その重力圏の果てに近いところまでオールトの雲が広がっていると考えられている。❹ハレー彗星は周期約 76 年の短周期彗星であり、海王星の軌道付近までしか遠ざからない。

Answer 4

❸ 火星と木星の公転軌道の間

金星、地球、火星、木星、土星の太陽からの平均距離はそれぞれ 0.7au、1au、1.5au、5.2au、9.6au である。現在の太陽系の雪線は 3au 付近にあるため、雪線は火星と木星の公転軌道の間にある。

Answer 5

❸ 約 3 万 6000km

静止衛星はその名の通り、地上からは空のある一点に静止しているかのように見える。つまり、地球の自転と同じ向きに同じ周期で公転している。したがって、公転周期は 1 日だ。静止衛星の高度を akm とすると軌道長半径は（a ＋ 6000km）となり、ケプラーの第 3 法則により、次の式が成り立つ。

$$\frac{(a+6000)^3}{1^2} = \frac{380000^3}{27^2}$$

$$(a+6000)^3 = \frac{380000^3}{27 \times 27}$$

$$= \frac{380000^3}{3^3 \times 3^3}$$

$$a+6000 = \frac{380000}{3 \times 3}$$

$$a = 36222$$

静止衛星は地球の直径よりも遠いところを公転している。❶は国際宇宙ステーションの高度。❷は気候変動観測衛星「しきさい」の高度。❹は準天頂軌道衛星「みちびき」の最大高度（高度約 3 万 2000 ～ 4 万 km の楕円軌道上を周回している）。

Answer 6

❸ 小惑星帯にある小惑星は元は 1 つの惑星であった。

様々な観測やシミュレーション結果から、小惑星は惑星のように大きくなるまで成長しきれなかった天体の名残である、という説の方が現在では有力視されている。

Answer 7

❸ 公転－東－東－西

地球から見ると、惑星は黄道にそって少しずつ東へ移動していくように見える。これを「順行」という。もし、逆向きに公転している惑星があったら西へ移動していくように見えるだろう。さて、地球も太陽の周りを回っているので、地球から見た惑星の動きは少々複雑になり、見かけ上、一時的に西へ戻るように見えるときがある。これを逆行という。

Answer 8

❶ 太陽－小惑星帯－冥王星－オールトの雲

小惑星帯は、火星と木星の間に位置する。冥王星は海王星よりも遠くにある準惑星。さらに太陽系は続き、オールトの雲がその果てと考えられている。この選択肢の中で示されているものを順に並べると、太陽－地球－小惑星帯－木星－土星－冥王星－エッジワース・カイパーベルト－ヘリオポーズ－オールトの雲、となる。

Answer 9

❷ 惑星の見かけの大きさを測定する

観測から公転周期を求め、ケプラーの第 3 法則を用い軌道長半径（天文単位）が得られる。これを km にするには、どこか 1 カ所でも実際の距離（km）がわかればよい。例えば、金星の太陽面通過を地球上の 2 カ所以上の地点で観測すると三角測量の原理で金星までの距離がわかり、観測地点間の距離は実際に測れるので 1 天文単位を実際の距離に換算できる。

Answer 10

❶ 衝の頃

外惑星は衝の頃が地球との距離が一番近いので、最も明るく見える。逆に合の頃は地球から最も離れるので暗くなる（ただし、太陽と同じ方向にあるため観察は困難である）。特に火星は地球の隣りの軌道にあるため、衝と合では距離の比が大きくなり明るさの違いも大きい。衝の頃は最大で－ 3 等級近くなるが、合の頃は 2 等級くらいで夜空ではあまり目立たない。

● わし星雲の柱状のガス塊「創造の柱」。ジェームズ・ウェッブ宇宙望遠鏡の赤外線画像（右）は、ハッブル宇宙望遠鏡の可視光画像（左）では見通せなかったガス塊内部で生まれている大量の天体をとらえた。
©NASA, ESA, Hubble Heritage Project (STScI, AURA)

4章

十人十色の星たち

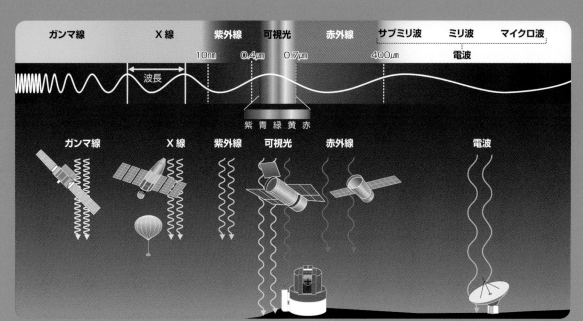

電場（電界）と磁場（磁界）が相互に影響し合って、波となって空間を伝わるものを電磁波という。波の繰り返しパターンの1つの長さを波長と呼び、1秒間に繰り返す波の回数を振動数（周波数）と呼ぶ。波が1回振動する間に波長分だけ進むので、振動数と波長をかけたものが波の速さとなる。電磁波は真空中を秒速約30万km（＝光速）で伝わる（水の中だと電磁波の伝わる速度は真空中の75％ぐらいになる）。

1nm（ナノメートル）は10億分の1m（100万分の1mm）、1μmは100万分の1m（1000分の1mm）を表す。人間の目が感じ取れる波長は400～700nm（0.4～0.7μm）くらいである。ただし、天文学では1μmまでを可視光と呼ぶことが多い。

電磁波は波長によって名前が異なり、波長の短い方から順に、ガンマ線、X線、紫外線、可視光、赤外線、電波と呼ぶ。波長によって性質や物質との作用が異なるのを利用して、ガンマ線はガン治療、X線はレントゲン撮影、紫外線は殺菌、赤外線はリモコンや暖房、電波は通信などに利用される。ガンマ線やX線、紫外線・赤外線・電波の一部は大気を透過できないので、宇宙望遠鏡や衛星で観測する。大気圏外からの天体観測は、大気による吸収、放射、散乱、ゆらぎなどの影響も回避できる。

元素周期表

宇宙空間には様々な種類の元素が存在する。それを似たような性質ごとに並べ替えたものが周期表だ。元素は恒星内部の核融合反応などで合成され、恒星の一生の終わりに宇宙空間にまき散らされる。それが新しい恒星や惑星の材料となるので、地球や我々生命はいわば星の子孫といえる。周期表や原子の構造などは、一見すると天文学とかけ離れているように見えるが、観測された光がどの種類の原子によるものなのか判定する必要があるため、実は天文学に必須の知識なのだ。

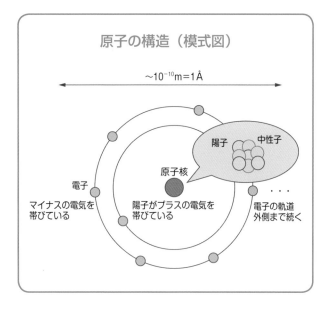

原子の構造（模式図）

~10⁻¹⁰m＝1Å

陽子　中性子

原子核

電子
マイナスの電気を
帯びている

陽子がプラスの電気を
帯びている

電子の軌道
外側まで続く

原子による光の吸収と原子からの光の放出（水素原子の例）

特定の波長の光（電磁波）がやってくると、原子はそれを受け取り、電子の軌道がより外側へと変化する（吸収線（☞用語集）として観測される）。

原子核
陽子のみ

電子
最も安定

しばらくすると、原子はより安定な状態に戻ろうとして、電子の軌道が変化し、このときもっている余分なエネルギーを光（電磁波）として放出する（輝線（☞用語集）として観測される）。

原子核
陽子のみ

電子
不安定

コラム

▸▸▸ 日本発・113 番元素

　ニホニウム（113 Nh）は、2004 年に日本の理化学研究所が発見した元素である。紆余曲折を経て命名権が日本に認められ、「ジャポニウム」「ジャパニウム」「ニッポニウム」などの名前候補が挙がったが、ニッポニウムは過去に一度新元素の名前として提案されており、再提案ができなかった。ジャパニウムやジャポニウムは、あくまで日本語にこだわりたいという理化学研究所の思いから退けられ、ニホニウムとなった。正式名称が決まったのは 2016 年11 月のことである。

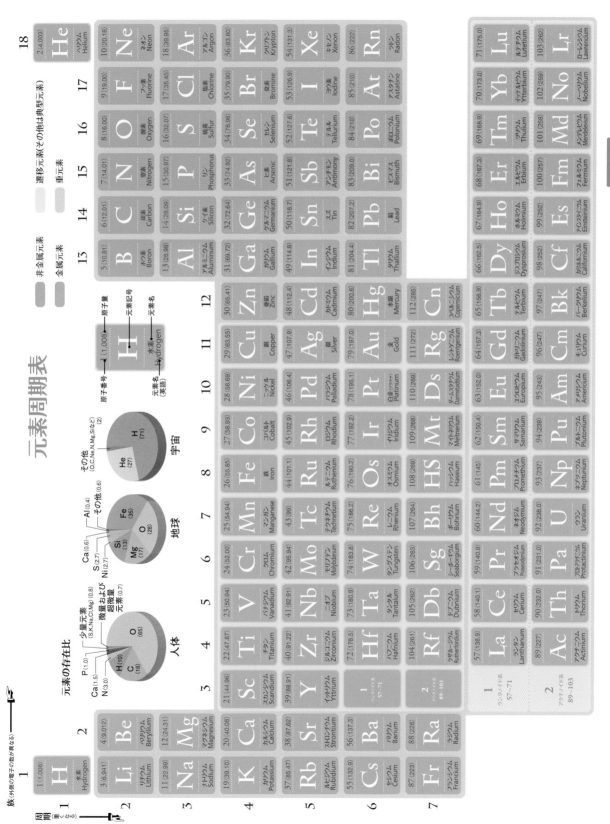

元素周期表

①節 1等星と2等星の違いは?

ポイント 夜空を見上げると、明るい星、暗い星、青白い星、赤い星……と、様々な星が輝いている。あの星! と誰かに伝えたいとき、「あそこ（場所）にある、あの、明るい（明るさ）赤い（色）星!」と、みんながあの星を見分けられるようにするためには、共通の表現方法が必要である。ここでは、星の明るさの指標である等級について紹介しよう。

▶ **明るさの表し方**

星空の明るさを、身の回りの明るさと比較してみよう。

照度（明るさ）の目安

光源や状況	照度（ルクス）
太陽直射	約10万
曇り空	1〜7万
日陰・青空光	1〜2万
野球場	750〜1500
会社・学校	500〜1000
家庭の食卓	200〜500
満月の夜	約0.2
星明り	約0.0003

▶ **星の本当の明るさ（光度）**

星の見かけの明るさはベガのようなA0型星（☞4章3節）を基準とした等級で表す。それに対して、星の実際の明るさは、多くの場合、太陽を基準として表す。たとえば、星本来の明るさが、太陽の2倍明るい場合には、2太陽光度という。星の質量も、通常は太陽が基準。太陽の半分の場合、0.5太陽質量と表す。

プラスワン

絶対等級の関係式

見かけの等級 m と絶対等級 M と pc（パーセク）で表した距離 r の関係は以下となる（log は常用対数）。

$$M = m - 5\log\frac{r}{pc（パーセク）} + 5$$

❶ 1等級の差は明るさの比で2.512倍

星の明るさ分類は、紀元前まで遡る。紀元前2世紀、ギリシャの天文学者ヒッパルコスは、肉眼で見える最も明るい星20個を1等級、次に明るいグループを2等級、肉眼でどうにか見える暗い星を6等級として、約850個の星を6段階に分類した。現在でも星の明るさを示すのに**等級**を使うが、星の等級は数字が小さくなるほど明るくなる。

19世紀、イギリスの天文学者ジョン・ハーシェルは、様々な星の観測から、1等級差の明るさの比が一定であり、その比が約2.5倍となることに気づいた。つまり、1等星は2等星より、2等星は3等星より約2.5倍ずつ明るい。すると、1等星の明るさは6等星に比べて、2.5 × 2.5 × 2.5 × 2.5 × 2.5 ＝約100倍となる。言い換えると、6等星を100個集めると1等星の明るさになるのだ。

1856年、イギリスの天文学者ノーマン・ポグソンは1等級と6等級の明るさの差を正確に100倍として、星の明るさの比と等級差の関係を数式で定義した。

この式に基づき、0等星の等級（m_2）と明るさ（L_2）、およびある星の明るさ（L_1）から、ある星の等級（m_1）を求める。0等星としては、ベガ（正確には0.03等）を明るさの基準として星の等級を決定することが多く、それぞれの星の等級はベガとの明るさの比から定義されている。例えば、ベガの100分の1の明るさをもつ星は L_2 と L_1 の比が100となり、$\frac{1}{5}(m_1 - m_2) = 1$、つまり、$m_1 - m_2 = 5$ となるため5等であることがわかる。

すなわち、1等級差における明るさの比を x とすると、1等級と6等級の間の5等級差に対して、$x^5 = 100$ となり、$x = 100^{\frac{1}{5}} =$ 約2.512となる。

より一般的には、m_1 等級の星の明るさを L_1、m_2 等級の星の明るさを L_2 とすると、$\frac{L_2}{L_1} = 100^{-\frac{1}{5}(m_1 - m_2)}$ という関係が成り立つ。また等級は整数に限らず、0等星より明るい星はマイナスの等級となる（例えば、太陽は−26.7等級で、満月は−12.7等級ぐらい）。

数式を使わずに、片対数グラフで概算する方法を図表4-1に、0.1等級ごと

の換算表で計算する方法を図表4-2に示しておく。

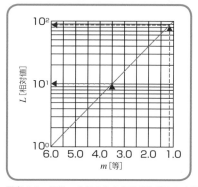

図表4-1 等級 m と明るさ L の片対数グラフ（グラフの軸の一方が対数スケールになっているグラフ）を用いた概算算出法。例えば、横軸で3.5等と1.2等（2.3等級差）から矢印を伸ばして、縦軸の明るさを比較すると、8倍と少し違うことがわかる。

等級差	明るさ比
0.1	1.096
0.2	1.202
0.3	1.318
0.4	1.445
0.5	1.585
0.6	1.738
0.7	1.905
0.8	2.089
0.9	2.291
1.0	2.512

図表4-2 換算表を用いた計算法。例えば、2.3等級差のときは、2.3 = 1+1+0.3 と分けて、それぞれの明るさの比を掛け合わせ、全体の明るさの比は、2.512 × 2.512 × 1.318 = 8.317 となる。

② 等級は距離にも関係する

ただし、同じ明るさのモノでも近いと明るく、遠いと暗く見える。上記で説明した等級は、**見かけの等級**で、星本来の明るさを表す等級は**絶対等級**と呼ばれる。絶対等級は星を 10 pc（32.6 光年）の距離に置いたときの見かけの等級で定義される。図表4-3 に、見かけの等級 m、絶対等級 M、距離 r ［pc］の関係と具体例を示す。

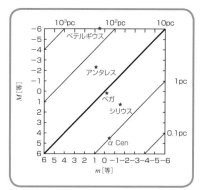

図表4-3 見かけの等級 m と絶対等級 M と距離 r ［pc］の関係を表す図。ベテルギウス（$m=0.5$, $M=-6.0$, $r=150$pc）、アンタレス（$m=1.0$, $M=-2.1$, $r=170$pc）、ベガ（$m=0.0$, $M=0.4$, $r=7.7$pc）、シリウス（$m=-1.5$, $M=1.4$, $r=2.6$pc）、α Cen（$m=-0.3$, $M=4.4$, $r=1.3$pc）がプロットしてある。

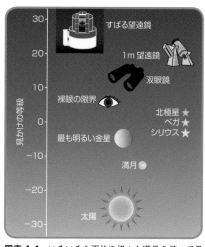

図表4-4 いろいろな天体や様々な道具を使って見える天体の見かけの明るさ（等級）

プラスワン

マグニチュード

等級は英語でマグニチュードと呼ぶ。特に日本では、地震のマグニチュードが有名だ。ただし、天体の等級では、1等の差は 2.5 倍の明るさの差に相当するが、地震の場合には、1等の差は 32 倍ものエネルギーの差に相当し、マグニチュードが大きいほど、地震の規模は大きい。

▶ **日本の望遠鏡**

日本は、望遠鏡製作会社が多く、口径1m以上の望遠鏡が大学や公共天文台に数多く設置されている。この特性を活かし、国内9大学と国立天文台が有機的に連携し、突発天体等の即時・連続観測や共同研究プロジェクトが実施されている。国内最大の主鏡をもつ望遠鏡は、兵庫県立大学西はりま天文台の「なゆた2m望遠鏡」（写真上）。市民が直接のぞける望遠鏡としては世界最大。一方、日本の研究機関がもつ最大口径の望遠鏡は、ハワイ島マウナケア山にある国立天文台の「すばる8.2m望遠鏡」（写真下）。現在でもその性能は世界一線級を誇る。

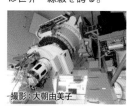

撮影：大朝由美子

撮影：大朝由美子

▶ **明るさの絶対値（絶対等級）** ☞ 用語集

4章

2節 星の鮮やかさの ひみつ

ポイント 夜空に輝く星には、赤や橙色のものもあれば、青白く輝くものもある。こうした多彩な星の色は、何によって違っているのだろうか？ ここでは、色の種類、星の色の指標となるもの、そして星の色が示す意味を紹介しよう。

▶ 虹

赤、橙、黄、緑、青、藍、紫。虹の7色である。赤色や青色というのは光の波長によって決まる。赤、橙、から藍、紫にいくにつれて波長は短くなる。虹の色の並び方がいつも同じであるのは、色と波長の関係のためだ。
ちなみに、虹は7色とは限らない。東南アジアやイスラム圏には4色と見る地域がある。

© 大朝由美子

プラスワン

人間の目は、太陽が最も明るく輝く可視光に感度があるが、昆虫の目は波長が短い紫外線にも感度をもつ。紫外線で花を見ると、花びらは明るく蜜がある部分が暗く見える（ネクターガイド）。↗

©SPL/PPS 通信社

① 色とは？

　我々の周りには様々な色があふれている。この、色という言葉には、2つの意味がある。1つは、目にうつる、物体の感じ方である。物体に当たった光のうち、吸収されずに反射したものを人の目が受けると、波長の違いで赤・黄・青・緑・紫などに見える。この色は物体の色を示すため、**物体色**と呼ばれる。自分で光を発しない物体の場合、たとえばリンゴなどは、青緑色を吸収し、赤い色を多く反射しているので赤く見える。このような、光のどの部分をどれだけ吸収し、どれだけ反射するかは物体によって違うため、それぞれ固有の色をもつことになる。しかし、夜の暗闇の下ではリンゴは赤く見えない。これに対して、自分自身が光っている物体の光の色が、**光源色**である。光源色は暗闇でも光り、その光がどう見えるかによって色が定義される。

図表4-5 すばる望遠鏡で観測した星が誕生する場所 S106 領域 © 国立天文台
中心部の白く輝く星は、生まれたばかりの重い星。太陽の約20倍もの星が誕生して、上下にガスを噴き出している。この天体は何色と言うべきだろうか？

　星の色にもこの2種類がある。すなわち、（可視光では）自分で光らない天体である、月や火星、木星などは前者のリンゴと同じである。惑星は、恒星と違って自らエネルギーを生み出して光るわけではなく、太陽の光を受けて反射して輝く（@可視光）。その際に、天体によって特定の色の光を吸収しているのである。一方、太陽のように自分で光る恒星の場合には、後者の光の色にあたる。つまり、火星が赤いのとベテルギウスが赤いのでは、違う理由があるのだ。ここでは、特に後者の自ら光る星の「光の

054

色」について詳しく見ていこう。

② 色は何を表す？

鉄板を加熱すると何色で輝くだろうか？鉄板をあたためると、最初はくすんだ赤色で輝き始める。さらにどんどんと加熱していくと、鉄板はより明るく輝くとともに、色がオレンジから黄色へと変わっていく。温度が上昇すると、それに伴って色が変わる……つまり、光の色の場合には、色と温度に関係があるのだ。

その目を星空に向けてみると、赤い恒星と青白い恒星では温度が違うと推測できる。星の色の違いは、それぞれの星が放射する光の波長別の分布（スペクトルの形☞4章3節）によって決まる。波長が短い青い光に比べて波長が長い赤い光の成分が強い場合、つまり温度の低い星は赤色に見えるが、逆の場合には温度が高く、青白く見える。

では、星の温度そのものはどのような仕組みで決まっているのだろうか？主系列星の場合、質量が大きな若い星は、中心部の核融合反応が非常にさか

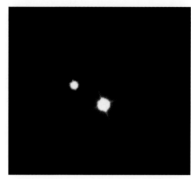

図表4-6　埼玉大学SaCRA望遠鏡で観測したはくちょう座のアルビレオ（はくちょう座β星）。色の対比が美しい二重星で明るい方のA星（3等星）はトパーズにたとえられる橙色、暗い方のB星（5等星）はサファイアにたとえられる青色をしており、「天上の宝石」ともいわれる。

んで、発生するエネルギーも膨大であるため、表面の温度が高くなり、青白く見える星となる。逆に、質量が小さな星では表面温度が低い赤っぽい星となる。また星の進化（☞5章）が進んで、半径が何百倍にも膨れあがった赤色巨星になると、表面温度が下がるので赤く見えるのだ。

では、実際の星の温度はというと、白く輝く星ベガの表面温度は約9500K、赤っぽい星アンタレスは約3500Kとなる。このように星の色を測る観測は、星の温度を決めるために非常に大切である。

このような星の色の指標はどのように表すのがよいだろうか？19世紀に入って幾人かの天文学者が色によって星を分類しようと試みた。しかし、感ずる目の感覚にも依存するので、学者によって尺度がまちまちであった。ところで、実際に、星の明るさを測る測光観測を行う場合には、ある特定の波長の光、つまり、ある色だけを透過するフィルターを用いる。そこで、2つの異なる色フィルターを通して星の明るさ（等級）を測光し、その等級差から星の色を決定する**色指数**という方法が天文学では使われている（☞5章p.71）。

さらに星の色をきちんと記述するためには、光を波長ごとに細かく分けたスペクトルの情報が必要である。次節で詳しく見ていこう。ちなみに、惑星の色のメカニズムは、恒星のそれとは異なるため、青く見える海王星が、赤く見える火星より温度が高いわけではない。

これは昆虫に花蜜のありかを知らせて呼び寄せ、花粉を運んでもらう仕組みだ。

▶ 白色光と単色光
☞用語集

▶ 基準の織り姫「ベガ」
フィルターを通した測光観測から色指数を求める際には、色の基準が必要である。そこで、最初にフィルター観測の方式を定めたときに、どんな波長のフィルターで測っても常に0等星、つまり色指数が0となる基準星としてベガを選んだ。織り姫星　ベガは、かつては基準星として観測天文学の世界を支えてきたのだ。
しかし1983年、世界初の赤外線天文衛星IRASがベガの正体を暴いた。実は、どの波長で測っても0等と考えられていたベガが、遠赤外波長で想定外の明るさをもっていたのだ！これは、ベガの周りにある塵が赤外線で光っているためだ。まるで、冷たいベールにつつまれた姫とでもいえようか。このような赤外線で本来よりも明るく輝く星を「ベガ型星」と呼び、現在では多数見つかっている。

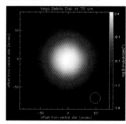

スピッツァー宇宙望遠鏡で観測したベガの周りの塵 ©APJ

星の色を細かく見ると……

ポイント　星の光をプリズムに通してみると、虹のようなモノが見える。しかし、星によってこの虹の色合いは様々である。ここでは、いろんな星の虹（スペクトル）が表す意味とスペクトルに基づいた星の分類について見ていこう。

▶ **星と地球は同じ世界にある！**

古代のギリシャ時代には、「天上界の星は地上とは異なる元素からできている」と考えられていた。しかし、1863年、ハギンスが星のスペクトルを解析し、星を構成する物質を調べたところ、星にも地球上と同じ元素が存在することがわかった。これは、古代からの概念をくつがえす画期的な発見であった。

▶ **超人、天文学者!?**

昔の天文学者は、望遠鏡を目で覗き、等級や明るさを肉眼（眼視）で定めていた。驚くことに、およそ8等までの星については0.1等ほどの精度であったとか。20世紀前半までに100万個を超す星の位置と明るさが、天文学者の目でカタログ化されたのである。まさに、超人天文学者といえよう。

① 太陽のスペクトル

　光を波長ごとの強さ（明るさ）で表したものを**スペクトル**という。一番身近な星といえば太陽。ということで、スペクトル研究はまず太陽から始まった。

　スペクトル研究のさきがけは、万有引力でおなじみのアイザック・ニュートンである。ニュートンは1666年、多くの色の光が混ざって白色の太陽光になっていることを証明した。およそ150年後、ヨゼフ・フォン・フラウンホーファーは、太陽光を分光したスペクトルの中に574本のバーコードのような暗線を見つけた。そのなかでも特に強く見える暗線を、A線〜K線とアルファベットで表した。これらの暗線は太陽大気中の固有の元素の吸収によってできるという原理をキルヒホッフが発見し、分光解析の方法を確立した。たとえばD線はナトリウムによる吸収、H、K線はカルシウムの吸収に相当する。アルファベットの名称は元素記号と混乱しそうだが、H線が水素、K線がカリウムというわけではない。この太陽スペクトルの吸収線を**フラウンホーファー線**ともいう。

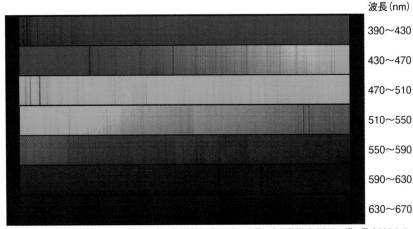

波長 (nm)

390〜430
430〜470
470〜510
510〜550
550〜590
590〜630
630〜670

図表4-7　太陽のスペクトル。左上から右下まで波長が短い方から長い方へと並べてある。縦に黒く刻まれたバーコード模様が暗線である。太陽のフラウンホーファー線から元素の種類と存在量が求められている。
© 兵庫県立大学西はりま天文台

② 星のスペクトル

　星の多彩な色は、その星がどの波長でより明るく輝くか、つまり、波長別の光の強さ分布であるスペクトルの違いに由来する。では、スペクトル中に現れる暗線は、すべての星で同じ位置や強さを示すだろうか？

　フラウンホーファーは、シリウスなどの明るい星のスペクトルには、太陽スペクトルと全く異なる位置に暗線があることを見つけた。スペクトルの色分布だけでなく暗線も星によって千差万別といえそうだ。そもそも、この色分布と暗線は、何を表しているのだろうか？

　スペクトルの色分布と暗線のことをそれぞれ**連続スペクトル**、**吸収スペクトル（吸収線）** と呼ぶ。この、星の連続スペクトルの形、線スペクトルの位置と強度などを手がかりに、星の温度を求めることができる。

　連続スペクトルは、直接色につながる。表面が約5800Kの太陽では、ちょうど可視光の波長域（緑）で一番強く光を放つ。一方、低温の星から出る光は赤外線（赤）が一番明るく、高温の星は放射のピークが紫外波長域となる。ところが紫外線は地球大気に吸収されやすく、目に見えないので、可視光の中で短い波長である紫色や青色を中心とした光が我々に届くことになる。そのため、シリウスやベガは青白く見える（☞カバー折返し部分）。

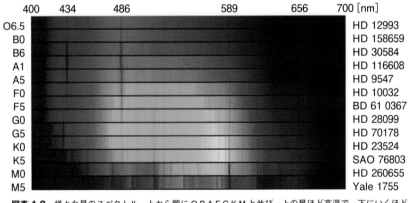

図表4-8　様々な星のスペクトル。上から順にO,B,A,F,G,K,Mと並び、上の星ほど高温で、下にいくほど低温の星である。低温のM型星には吸収の暗線が多いことも特徴的だ。左の縦軸はスペクトル型名、右の縦軸は星の名前、上の数値は波長を表す。スペクトル型につく数字が小さいほど高温になる。©KPNO/AURA/NOAO

　線スペクトルは、いわば温度計のような役割だ。線スペクトルの位置は、その星に存在する元素と関係する。どの元素からの線スペクトルがどれくらい強く見えているかを調べると、その星の温度を決めることができるのだ。ちなみに線スペクトルの詳細な調査から、星の化学組成や表面温度の他にも、大きさ、大気の動き、自転速度などの星の物理的性質を知ることができる。スペクトルは天体の素性を知るうえで重要な情報源となるのだ。

　このようにスペクトルの見え方によって星を分類することを星の**スペクトル型分類**という。現在最も使われている分類は、表面温度で連続的に変化するハーバード式分類である。20世紀末に発見された褐色矮星（☞4章4節）も含め、高温度から低温度星にかけて、**OBAFGKMLTY型**と呼ばれている。

▶ 光の波長　☞用語集

▶ 星のスペクトル型
　（☞カバー折返し部分）

プラスワン

スペクトル型の覚え方
元素周期表（☞4章 pp.50-51）の「スイヘイリーベ……」のようなゴロあわせと同じく、スペクトル型分類にも覚え方がある。恒星だけの分類では、
Oh, Be A Fine Girl/Guy Kiss Me
褐色矮星も含めると、
Oh, Be A Fine Girl Kiss My Lips, Tonight, Yah !
となる。

▶ ベガのスペクトル
水素原子のつくる吸収線がよくわかる。長波長から順に、Hα線（656.3nm）、Hβ線（486.1nm）、Hγ線（434.0nm）、Hδ線（410.2nm）、Hε線（397.0nm）などとなる。

出典：岡山天体物理観測所＆粟野諭美他『宇宙スペクトル博物館』裳華房

4節 色々な星を分類すると……

ポイント 星を調べようといっても、星はそれこそ「星の数ほど」ある。まず星をうまく分類し、系統立てて調べることが、星の研究の最初の第一歩となる。それでは、星をどのように分類するのがよいのだろうか？ ここでは、あまたの星を分類する方法について紹介しよう。

▶星団のHR図

大多数の星は集団で誕生すると考えられている。プレアデス星団（すばる）やヒアデス星団のような散開星団は、同時に誕生して一人前になって間もない星の集団である。この星団内の恒星はほぼ同じ年齢をもっているとみなせるため、質量の大きい、つまり明るい星ほど進化が早く、主系列を早く離れる。このことに着目すると、星団内の星々のHR図からその星団の年齢を推測することができる。たとえば、明るい主系列星が多く残っている星団ほど年齢が若いのだ。

©NASA

©Jose Mtanous

おうし座のプレアデス星団（上）とヒアデス星団（下）

1 星を観測量から分類する

　宇宙に輝く多様な星は、我々からはるか遠くにあり、手に取ってみることも、はかりにのせることもできない。我々が星の観測から知ることができる情報は、光（電磁波）だけである。では、星の光から何がわかるだろうか？

　観測から測定することができる情報は、星がどれだけ明るく見えるか（見かけの等級）と、星がどのような色やスペクトルをもつか（温度）である。さらに、星までの距離を年周視差（☞8章1節）などの方法で求めることができれば、星が実際に輝く明るさ（絶対等級：光度）を知ることができる。そこで、星の明るさ、つまり光度（絶対等級）を縦軸に、色、つまり表面温度（スペクトル型）を横軸にとってグラフを作成してみよう。

2 星のHR（ヘルツシュプルング・ラッセル）図

　星の観測から直接わかる光度と温度を軸とした図を、最初に提唱したヘルツシュプルングとラッセルの頭文字をとって、**HR図**と呼ぶ。たくさんの星からHR図を作成すると、図表4-9のようになる。HR図（図表4-9）では、大きく3グループに星を分類することができる。すなわち、左上から右下に斜めに伸びた帯状領域に分布する大半の星、帯状領域より光度が大きい右上の部分と、小さい左下の部分に位置する少数の星である。図表4-9のように明るさと温度に相関関係をもつ分布を示すのは、帯状部分にある星たちが同じメカニズムで輝いていることに由来する。

　大多数の星が含まれる、斜めの帯状領域の星を**主系列星**と呼ぶ。主系列星には高温で明るい星（図表4-9で左上）から低温で暗い星（図表4-9で右下）が含まれる。主系列星の右上のグループは、明るいが温度は低い天体で、**赤色巨星**（超巨星、巨星）、左下のグループは、温度は高いが暗い天体で、**白色矮星**と呼ぶ。主系列星のなかでは、温度が低いほど質量が小さく、その数が多い。

　なお、図表4-9の縦軸、横軸が共に対数目盛であることに注意すると、主系列星の光度 L は表面温度 T のおよそ8乗に比例することがわかる（L ＝定

数 × T^8（☞ p.62）。最近の観測から、HR図上で最も質量の小さい主系列星のさらに右下に、新たな種類の天体が存在することがわかってきた。褐色矮星と呼ばれる天体で、主系列星とは異なる内部構造をもつ。褐色矮星は質量が非常に小さく、その明るさは白色矮星と同程度である一方で、

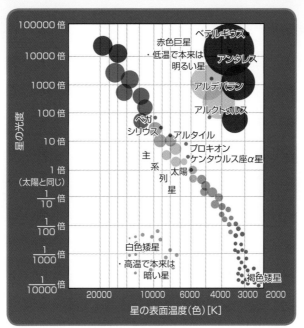

図表 4-9 様々な星のHR図

多くの恒星と比べて非常に低温である。褐色矮星やそれよりさらに質量の小さい惑星質量天体は、超低質量天体と呼ばれる。なお、ヘルツシュプルングとラッセルが考案したHR図は横軸にスペクトル型、縦軸に絶対等級が用いられていた。現在では物理的な観点から、横軸を温度、縦軸を光度として作成されることが多い。

3 HR図から読み解く星の姿

HR図は、星を研究する天文学者にとって、基本中の基本、最も大切なモノの1つである。HR図に星の明るさ、温度の情報をのせると、その星の大きさ、進化段階を探ることができるのだ。

たとえば、同じ表面温度をもつ赤色巨星と主系列星に着目してみよう。光度に約10等の差がある赤色巨星と主系列星の場合、赤色巨星は同じ温度の主系列星より1万倍明るい。ステファン・ボルツマンの法則（☞用語集）を用いると、星の光度 L は表面温度 T の4乗と表面積（$4\pi R^2$）の積（$L=4\pi R^2 \sigma T^4$；σ は定数）で表される。これを用いると、赤色巨星の表面積は主系列星の1万倍となり、その半径は主系列星の100倍の大きさになる。つまり、赤色巨星は低温のために赤く輝くが、半径と光度は大きい星とわかる。赤色巨星の1つ、オリオン座のベテルギウスは太陽半径の約800～1000倍、およそ太陽-木星の距離に匹敵する大きさをもつ。一方、シリウスは、主星Aと、Aより約2.5倍高温の伴星Bからなる連星である。仮に両方とも主系列星とすれば、図表4-9のHR図からBが約1000倍明るいと読み取れるが、実際には、BはAに比べて約500倍暗い。これは、Bが主系列星ではなく、半径がAよりはるかに小さい白色矮星であることを示唆する。つまり、恒星を温度（スペクトル）と光度の2次元で分類すると、星の性質、すなわち、内部構造や進化段階、ひいては距離も推定することが可能となる。

● 褐色矮星 ☞用語集

● 惑星質量天体（浮遊惑星）☞用語集

● ステファン・ボルツマンの法則 ☞用語集

プラスワン

シリウス

シリウスは、A型のスペクトル型をもつ主系列星である主星Aと白色矮星である伴星Bの2つの星からなる。全天で最も明るい恒星であるが、連星系とわかったのは19世紀になってからである。観測から求められたBの質量は太陽よりわずかに小さいが、半径は地球程度と、超高密度星である。また、Aより高温であるBは、高エネルギーのX線でより明るく輝く。ちなみに、本章の主題のひとつ、HR図をつくったヘルツシュプルングは、かつてシリウスがおおいぬ座運動星団に属すると提唱していた（現在では否定されている）。

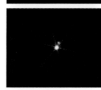

上：HSTの可視画像。下：チャンドラ望遠鏡のX線画像。両方ともに左下がシリウスB。上：©NASA, H.E. Bond and E. Nelan (Space Telescope Science Institute, Baltimore, Md.) ; M. Barstow and M. Burleigh (University of Leicester, U.K.) ; and J.B. Holberg (University of Arizona) ／下：©NASA／SAO／CXC

▶ 生まれたての星も変光

死ぬ間際の星は明るさが大きく変わるが、生まれたての赤ちゃん星も、時々小さな変光を起こす。このような生まれたての星を前主系列星と呼び、周りに惑星の材料となるガス円盤などを伴う（☞ 5章2節）。

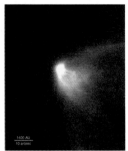

すばる望遠鏡で観測したおうし座にあるL1551-IRS5。双子の赤ちゃん星から2本の原始星ジェットが見えている。© 国立天文台

● HLTau

すばる望遠鏡（近赤外線）、ALMA望遠鏡（電波）で観測したおうし座にあるHLTau（上と下）。近赤外では、原始星周囲の星雲が鮮やかに見えているが、電波では、近赤外の一部を観測し、その中に埋もれた原始惑星系円盤の姿がとらえられている。我々の太陽系（下右）と比べると、この円盤は海王星よりもさらに外側まで広がっている。もしかしたら、この円盤から惑星が生まれつつあるかもしれない。

© 国立天文台

©ALMA（ESO/NAO J/NRAO）

コラム

▶▶▶ 明るさの変わる星

　星は、同じ明るさと色のまま一生輝き続けるのだろうか？

　本章では、HR図を元に進化の段階を知ることができる、ということがわかった。つまり、明るさと色は一生のうちで変わることが予測される。星の一生で考えると、明るさの変化の度合いが大きい。

　なかでも、我々が観測できるような、たとえば数十年（厳密な定義はない）以内の間に、明るさが変わる星を「変光星」と呼ぶ。これまで全天で3万個以上の変光星が発見されている。変光星が明るさを変える原因は、その星の存在形態と、進化段階の2つに大きく分類できる。

　最初に発見された変光星は、くじら座 o 星。ミラ（ラテン語で「びっくり」という意味）と名づけられた。ミラは約330日の周期で約3から9等の間に変光する。変光の原因は後者の方で、恒星進化の最終段階、いわば寿命を全うする直前に星自身の大きさが変化する、つまり、星が膨張や収縮を起こして明るさが変わるのだ。このような星を脈動変光星と呼ぶ。脈動変光星にも色々とあり、ミラのように長い周期のものをミラ型変光星という。ちなみに、ミラが発見されたのは、望遠鏡が初めて宇宙に向けられるよりも前の1596年というから、びっくりである。

　変光の原因の前者は、2つ以上の星がお互いの周りを回っている連星が、お互いに相手を隠し合うことによって見かけの明るさが変化するものだ。このような変光星を食変光星と呼ぶ。1667年に変光現象が見つけられたペルセウス座の β 星アルゴル（アラビア語で「悪魔」の意味）は、3つの星からなる連星で、そのうち2つの明るい星（B型）と暗い星（K型）で食変光現象を起こす。2.867日という比較的短い周期の間に、約2.1から3.4等まで変化する。様々な食連星が見つかっているが、最近注目の的となっているのは周囲に惑星をもつ恒星だ。惑星系は、連星系の星の質量の違いが極端に大きい場合であり、太陽系外惑星の探索にもこの変光原理が利用されている。しかし、惑星による恒星の変光はごくわずかのため、精密な明るさの測定が必要となる。

　変光星には他に、星全体や星の表面で爆発が起こるもの、星の周りに付随する様々な現象によって明るさが変わるもの、など多様な種類がある。なかでも、星が寿命を全うするときに起こる星全体の爆発は、超新星と呼ばれ、天文愛好家によって多数の発見がなされている。

Question 1

図表 4-1 を用いて 2 等級差のときの明るさの比を見積もると、約何倍になるか。最も近いものを選べ。

1. 約 5 倍
2. 約 6 倍
3. 約 7 倍
4. 約 8 倍

Question 2

図表 4-3 を用いて、見かけの等級が 4 等で距離 100pc にある星の絶対等級を求めよ。

1. −6 等
2. −1 等
3. 4 等
4. 9 等

Question 3

次の図は、太陽近傍の多数の星々から作成した HR 図である。太陽の位置として最も適当なものはどれか。

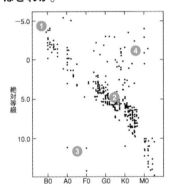

Question 4

HR 図の縦軸、横軸の組み合わせについて、正しいモノを選べ。

1. 縦軸：見かけの等級、横軸：スペクトル型
2. 縦軸：絶対等級、横軸：スペクトル型
3. 縦軸：見かけの等級、横軸：距離
4. 縦軸：絶対等級、横軸：距離

Question 5

恒星のスペクトル型を、温度の高い順に並べたものはどれか。

1. A、B、O、G
2. A、B、K、M
3. B、A、F、O
4. O、A、K、M

Question 6

太陽のスペクトルに見られるフラウンホーファー線は、なぜあらわれるか。

1. 太陽の大気中にある元素が特定の波長の光を放射するため
2. 太陽の大気中にある元素が光球からの特定の波長の光を吸収するため
3. 太陽の光球が特定の波長の光をより強く放射しているため
4. 太陽の光球が特定の波長の光を放射していないため

Question 7

図表 4-2 を用いて、3.7 等級差のときの明るさの比を計算してみよ。どれぐらいになるか。

1. 約 20
2. 約 25
3. 約 30
4. 約 35

Question 8

HR 図に位置する次の星のグループとして正しい組み合わせを選べ。

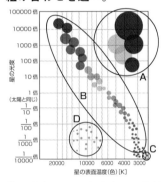

1. A 赤色巨星　B 主系列星　C 白色矮星　D 褐色矮星
2. A 赤色巨星　B 主系列星　C 褐色矮星　D 白色矮星
3. A 主系列星　B 赤色巨星　C 褐色矮星　D 白色矮星
4. A 主系列星　B 白色矮星　C 赤色巨星　D 褐色矮星

Question 9

主系列星の段階において、太陽程度の質量であった恒星は、核融合反応によるエネルギーの放出が行われなくなると、最終的に何になるか。

1. 中性子星
2. 超新星
3. 褐色矮星
4. 白色矮星

Question 10

恒星のスペクトル型は、O 型から M 型に向かうにつれて何がどのように変化するか。

1. O 型から M 型に向かうにつれ、表面温度が高くなる
2. O 型から M 型に向かうにつれ、表面温度が低くなる
3. O 型から M 型に向かうにつれ、重元素量が多くなる
4. O 型から M 型に向かうにつれ、重元素量が少なくなる

解答・解説はウラ

Answer 1

❷ 約 6 倍

例えば、4 等級と 2 等級が比較しやすいが、6 倍少しになることがわかる（6.31 倍）。

Answer 2

❷ −1 等

図表 4-3 の横軸（見かけの等級 m）が 4 等のとき、m ＝ 4 の縦線と距離 100pc の斜め線の交点に対応する図の縦軸（絶対等級 M）の値は−1 になる。

Answer 3

❷

HR 図上で、❶や❷を含む左上から右下に帯状に存在している星を主系列星といい、左上ほど高温で質量が大きい恒星、右下ほど低温で質量が小さい恒星が分布している。一方、❸のような高温で暗い星を白色矮星、❹のような低温で明るい星を赤色巨星といい、主系列星から進化が進んだ段階にある。太陽は比較的低温の主系列星であるため、現在は❷の位置にある。進化が進むと❹の位置を経て❸になると予測されている。

Answer 4

❷ 縦軸：絶対等級、横軸：スペクトル型

HR 図は、星の明るさ、つまり光度（絶対等級）を縦軸に、色、つまり表面温度（スペクトル型）を横軸にとってグラフにしたものである。見かけの等級ではないことに注意する。

Answer 5

❹ O、A、K、M

スペクトル型の覚え方として、Oh, Be A Fine Girl/Guy Kiss Me という語呂合わせがある。O 型星が高温で、M 型星が低温である。

Answer 6

❷ 太陽の大気中にある元素が光球からの特定の波長の光を吸収するため

1802 年、イギリスのウィリアム・ウォラストンが、太陽光のスペクトルの中にいくつかの暗線の存在を報告した。1814 年にヨゼフ・フォン・フラウンホーファーは、ウォラストンとは別に暗線を発見し、570 を超える暗線について波長を計測し、主要な線に A から K の記号をつけた。その後、ロベルト・ブンゼンやグスタフ・キルヒホッフにより、太陽大気中の元素や地球大気中の酸素などによる吸収線であることが示された。

Answer 7

❸ 約 30

3.7 ＝ 1+1+1+0.7 と分けて、それぞれの明るさの比を掛け合わせ、全体の明るさの比は、2.512 × 2.512 × 2.512 × 1.905 ＝ 30.20 となる。

Answer 8

❷ A 赤色巨星　B 主系列星　C 褐色矮星　D 白色矮星

HR 図上で、最も多くの星が含まれる、斜めの帯状領域の星を主系列星（B）、主系列星の右上の、低温の明るい天体を赤色巨星（A）、左下の高温の暗い天体を白色矮星（D）と呼ぶ。最近の観測から、HR 図上で最も軽い主系列星のさらに右下に、低温で暗く、質量が非常に小さい褐色矮星（C）が存在することがわかってきた。主系列星は、高温で明るい星から低温で暗い星まで含まれる一方、褐色矮星は、水素の核融合反応で光る恒星とは異なる内部構造をもち、低温で暗い。

Answer 9

❹ 白色矮星

太陽質量の恒星は、巨星を経て、最終的に白色矮星となる。

Answer 10

❷ O 型から M 型に向かうにつれ、表面温度が低くなる

恒星のスペクトル型は、高温から低温に並べると、OBAFGKM（LTY）である。

★ おまけコラム ★

主系列星の関係

主系列星の光度 L、半径 R、表面温度 T、そして質量 M の間には以下の関係が、経験的に成り立つ。HR 図から、$L = $定数$\times T^8$（①）
ステファン・ボルツマンの法則から、$L = $定数$\times R^2 T^4$
これらから、$R = $定数$\times T^2$
質量光度関係（☞ p.66）から、$L = $定数$\times M^4$（②）とすると、さらに、$M = $定数$\times T^2$となり、$R = $定数$\times M$となる。

ただし、実際の①②の累乗の値は、観測値から求められ、例えば②は、温度によって異なるとされるが、平均的には、3−4 乗で表される。

5章

星々の一生

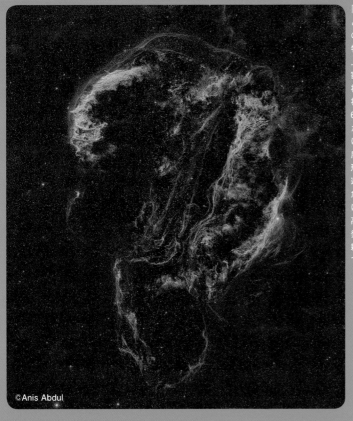

©Anis Abdul

「網状星雲」として有名な超新星残骸は「はくちょう座ループ」とも呼ばれる。ループの直径はおよそ3度角、満月6個分の大きさだ。およそ70光年にわたり超新星爆発に伴う放出物が広がっている。超新星爆発が起こったのは5000年以上前だと考えられており、星雲はすでにいくつかの領域に分割され、個々に名前が付けられている。図の左上の明るい弧状の部分は上から順にNGC 6992、NGC 6995、IC 1340（網状星雲の本体部分）、右下の明るい弧状の部分はNGC 6960（魔女のほうき星雲）、中央やや右上の三角状に広がった部分はピッカリングの三角と呼ばれている。超新星爆発時に全方位に放出されたガスは現在もおよそ秒速350kmの速度で膨張を続けており、周囲の星間ガスとの間に衝撃波が形成されている。衝撃波面付近ではガスの速度が超音速（音速を超える速度）から亜音速（音速より若干遅い速度）に急激に減速される。その結果、星間ガスが圧縮され、膨張に伴う運動エネルギーが熱エネルギーに変換され、ガスが高温になって電離が進み、輝線星雲となる。超新星残骸の発光源は超新星爆発が作る運動エネルギーなのだ。この超新星爆発が作り出す衝撃波領域がループ状に見えているのである。

星の一生と物質の輪廻

　恒星は生まれたときの質量（初期質量）によってその後の一生が決定される。初期質量が太陽質量の0.08倍に満たない星は、内部の温度が低く核融合を起こすことができないため、重力エネルギーを放射源とした褐色矮星としてその一生を終える。それ以上の初期質量をもつ星は、中心部で水素からヘリウムを合成する核融合反応が生じ、それをエネルギー源として自ら光り輝く恒星となる。この段階の天体を主系列星という（☞ p.59、HR図）。主系列星は初期質量によって異なる最期を迎える。

1）太陽質量の0.08〜0.46倍：

核融合によってヘリウムの核が形成された後、周りの水素ガスは星間空間に拡散され、中心にヘリウムを主成分とした白色矮星が残る。

2）太陽質量の0.46〜8倍：

炭素と酸素からなる中心核が形成される。外周の水素ガスは大きく膨らみ、赤色巨星と呼ばれる天体になった後、やがて星間空間に拡散される。それらは中心核から放射される紫外線によって電離され、惑星状星雲となって光り輝く。中心部に残された中心核は白色矮星となる。

3）太陽質量の8倍以上：

中心では核融合の最終段階である鉄が合成される。最も安定な元素である鉄はそれ以上核融合反応を起こせないため、中心部でのエネルギー発生は止まり、中心核は次第に収縮していく。その過程で温度が上昇し、結局鉄の核は分解されてしまう。中心の支えを失った恒星は重力崩壊を起こし、それをきっかけに超新星となって、自らを広い星周空間にまき散らす。中心部には、中性子星やブラックホールが残る。なお、爆風の中で合成される元素もある。

星の一生　質量範囲［太陽質量］

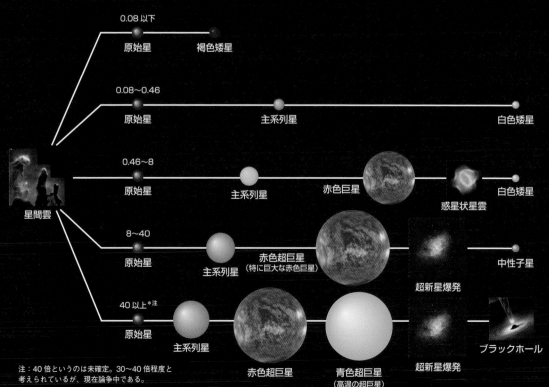

注：40倍というのは未確定。30〜40倍程度と
考えられているが、現在論争中である。

ビッグバンによって生まれた初期の宇宙には、水素とヘリウム、そしてわずかなリチウムという元素しかなかった。その後に形成された恒星が元素を合成し、それらを宇宙空間へと還元するというサイクルを繰り返しているうちに、星間ガスの中の重元素（ヘリウムより重い元素）は徐々に増えていった。重元素は、地球（岩石）や生物の材料（タンパク質）でもあると同時に、近年話題のレアアースに代表されるように、私たちの生活を豊かにする源でもある。恒星なくしては人類とその文化は存在しえなかったのである。

星の一生　物質の輪廻

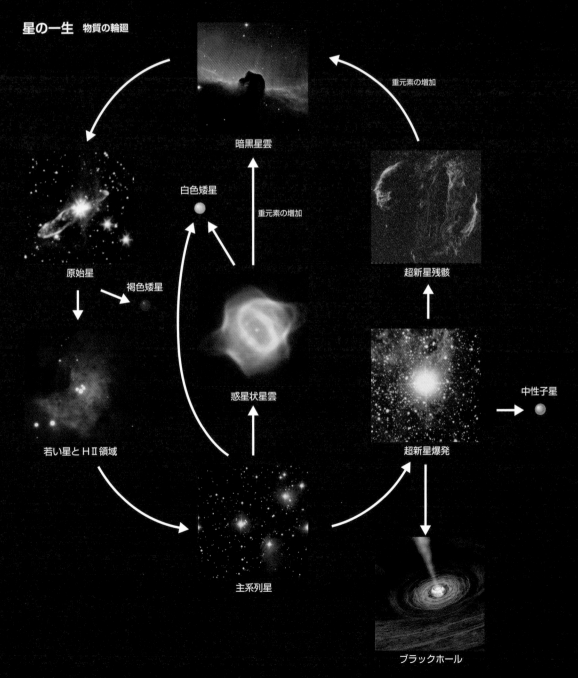

暗黒星雲

白色矮星

重元素の増加

重元素の増加

超新星残骸

原始星

褐色矮星

惑星状星雲

中性子星

若い星とHⅡ領域

超新星爆発

主系列星

ブラックホール

5章

1節 原始星、主系列星、赤色巨星

ポイント
星は永久に輝いているのではない。ガスが集まり、自らのエネルギーで輝くようになったときを星の誕生といい、自らのエネルギーで輝くことができなくなったときを星の死という。また、星の進化とは、星が生まれ、死に至るまでの状態の変化のことである。ここでは、原始星、主系列星、赤色巨星の特徴を見てみよう。

プラスワン

星の質量
連星の連星間距離を a［天文単位］、公転周期を P［年］、太陽の質量を 1 としたときの恒星の質量を m_1、m_2 とすると、
$$\frac{a^3}{P^2} = m_1 + m_2$$
となる。これを一般化されたケプラーの第3法則という。また、重心からそれぞれの恒星までの距離を a_1、a_2 とすれば、$a_1 + a_2 = a$、$a_1 : a_2 = m_2 : m_1$ が成り立つ。これらから、連星の質量を求めることができる。

▶ **星団と星落（アソシエーション）** ☞用語集

▶ **分子雲** ☞用語集

プラスワン

$x^{0.5}$ の意味は？
$x \times x = x^2$ と表すが、$x^{0.5}$ は何を表すのだろうか。$x^{0.5} \times x^{0.5} = x$ となるので、$x^{0.5} = \sqrt{x}$ を意味する。したがって $x^{3.5} = x^3 \times x^{0.5} = x^3 \times \sqrt{x}$ である。

---

1 星の寿命

主系列星は、中心部で水素からヘリウムを合成する核融合反応で輝いている。質量が大きいと中心の温度と密度が高くなり核融合反応が活発となって高温で明るく輝くが、質量が小さいと核融合反応がそれほど活発とならないため低温で暗くなる。そのため主系列星は、HR 図上では左上から右下に帯状に並ぶ。これは、主系列星の光度 L が質量 M のおよそ 3.5 ～ 4 乗に比例するという**質量光度関係**が成り立っているからである。この関係を、太陽の光度と質量を 1 とする単位で表せば、$L = M^{3.5 \sim 4}$ となる。ここで主系列星の寿命を考える。主系列星の寿命は核融合反応の燃料である水素がなくなったときと考えてよい。質量の大きな星は水素がたくさん存在するが、明るく輝くため水素の消費量が膨大となり、水素がすぐになくなってしまう。そのため、主系列星としての寿命は極端に短くなる。星の寿命 τ は、燃料である水素の量（質量 M）をその消費率（光度 L）で割ることによって見積もることができる。太陽と同じ質量の星の主系列としての寿命はおよそ 100 億年であるので、太陽を 1 とする単位では τ =100 億年× M / L =100 億年 / $M^{2.5 \sim 3}$ と表される。図表 5–1 に、光度が質量の 3.5 乗に比例する場合の主系列星の寿命を示す。質量が大きい星の寿命がいかに短いかがわかる。なお、星が若いのか、老いているのかというときには、何を基準にしているかということに注意する必要がある。

図表 5-1 主系列星の寿命

質量 （太陽＝1）	寿命 （億年）	例（太陽＝100 歳）
0.5	560	560 歳
0.7	240	240 歳
1	100	100 歳
2	17.7	17 歳 8 カ月
3	6.4	6 歳 5 カ月
5	1.8	1 歳 10 カ月
10	0.3	4 カ月

2 原始星

原始星があるのは、星が盛んに形成されている**星形成領域**だ。星はガスが収縮して生まれるが、巨大な分子雲の限られた領域で星が集団で生まれる場

合がある。それが**星団**や**星落（アソシエーション）**だ。原始星は、多くの場合、濃い分子雲の中にあるため、赤外線や電波でないと観測できない場合が多い。我々が小型望遠鏡でも目にすることができる星形成領域としては、オリオン星雲（M 42）がある。図表5-2はジェームズ・ウェッブ宇宙望遠鏡によってとらえられた、りゅうこつ座の星形成領域イータ・カリーナ星雲の一部の画像である。星空を背景に、あたかも山や谷をとらえたような風景（下側）は、この領域で生まれた散開星団NGC 3324の星形成領域がつくった巨大な空洞（上側）の境目である。若い高温の星からの強烈な紫外線によって、濃いガスや塵の壁はゆっくりと浸食されていくが、この中で、また新たな星がつくられている。

図表 5-2 星形成領域イータ・カリーナ星雲の一部。距離は約 7600 光年。©NASA

③ 主系列星

主系列星とは、星の一生のうち、水素からヘリウムを合成する核融合反応で安定して輝いている状態の星で、大部分の時期をこの状態で過ごす。夜空に輝く星々の大部分は、この主系列星にあたる。太陽もまた主系列星の1つなのだ。しかし実際には、どの星が主系列星でどの星がそうでないかを判断するのは難しい。ただ、おうし座のプレアデス星団（すばる；M 45）やかに座の甲羅の中にあるプレセペ星団（M 44；ただし明るい数個は赤色巨星）など、明るい散開星団の星々のほとんどは主系列星なのだ！

④ 赤色巨星

赤色巨星とは、主系列星の時期が終わった後、星が膨張して半径が大きくなり、表面温度が低下して、赤く輝くようになった、巨大な星のことである。夜空に赤やオレンジ色で明るく輝く星は、赤色巨星である。赤色巨星の中で特に半径が大きいものは赤色超巨星と呼ばれ、オリオン座のベテルギウスやさそり座のアンタレスは赤色超巨星の代表的なものである。また、小型の望遠鏡では星に分解するのは難しいが、M 13やM 15といった球状星団を構成する星々は、生まれてから100億年以上経っており、赤色巨星が数多く存在する。

2節 星の一生はどうなっているか

ポイント 星の一生は、生まれたときのガスの量（質量）で決まってしまう。質量の小さな星は惑星状星雲を形成して静かに死を迎える。一方、質量の大きな星は超新星爆発という華々しい死を迎える。ここでは、質量の違いによる星の進化のドラマを見ていこう。

プラスワン

星の誕生と惑星形成
星が生まれる場合、原始星の周りに原始惑星系円盤が形成される。惑星は、この原始惑星系円盤内で誕生すると考えられている。ハッブル宇宙望遠鏡やすばる望遠鏡などの巨大望遠鏡によって、前主系列星の周りのガス円盤が数多く観測されている。

ぎょしゃ座 AB 星の原始惑星系円盤。この星をとりまく円盤の内側の領域には、二重のリング構造やギャップ（空隙）構造があり、リングが円盤面から傾いていることから、円盤内にはすでに惑星が形成されていると考えられる。

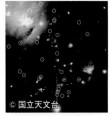

NGC 1333 中の褐色矮星。丸印で示したのが褐色矮星で、この領域でおよそ 90 個見つかっている。すばる望遠鏡と南米の VLT の共同観測による。

1 星の誕生

星の誕生とは、星自身のエネルギーで輝き始めたときをいう。星は、分子雲の密度の高い部分（分子雲コア）が、ガスの自己重力によって収縮し、周りのガスを重力でかき集めながら生まれる。ガスが収縮すると、ガスの重力エネルギーが熱エネルギーに変わり、星は赤外線領域で非常に明るく輝く。この重力エネルギーで輝いている状態の星を**原始星**という。かき集められたガスの一部は回転運動のため原始星に落下せず、原始星の周りを回る原始惑星系円盤を形成する。また、一部のガスは、原始惑星系円盤の回転によってねじられた磁場のため、円盤の回転軸方向に高速で流れ出す原始星ジェットや、回転軸に垂直な方向に低速で流れ出す**アウトフロー**を形成する。しかし、この状態のときは、まだ星の周りには濃いガスが多量に残され、そのガスの中のダストによって星の光が遮られるため、星の姿は可視光線では見ることができず、赤外線や電波でしか観測できない。ガスはゆっくりと収縮を続けていくが、やがて周りの濃いガスは、アウトフローなどによって徐々に宇宙空間に散っていき、星の姿を可視光線でも見ることができる状態となる。これらの星は主系列星になる直前の星であることから、**前主系列星**と呼ばれる。

図表 5-3 すばる望遠鏡によるカシオペヤ座の星形成領域 W 3 メイン。大量の星が集団で生まれている現場で、残ったガスや塵を照らして明るい星雲を形づくり、暗黒星雲と絡み合って複雑な模様を示す。ここでは星になれなかった褐色矮星もたくさん見つかっている。©国立天文台

2 主系列星の誕生

収縮が続けば、中心密度は高くなり、中心温度も上昇する。中心温度が1000 万 K を超えると、中心部で水素（H）がヘリウム（He）に変わる核融

合反応が発生する。すると収縮は止まり、この核融合のエネルギーで星は安定的に輝き始める。**主系列星**の誕生である。現在の太陽も、この主系列の段階にある。ただ、主系列星になるためには、太陽の 0.08 倍以上の質量が必要となる。それ以下だと、核融合反応が発生する中心温度に達する前に、ガスの圧力で収縮が止まってしまい、**褐色矮星**（☞ 4 章 4 節）となる。褐色矮星は、生まれたての段階では赤外線で輝いているが、その後しだいに冷えて暗くなっていく。このような褐色矮星が、近年の赤外線観測により、図表 5-3 のＷ 3 やオリオン大星雲などの星形成領域で数多く見つかっている。

3 赤色巨星への進化

　主系列星で輝いている間、恒星の中心部では水素からヘリウムがつくられ、ヘリウムが中心部に溜まっていく。この部分を**ヘリウムコア**と呼ぶ。ヘリウムコアは次第に大きくなっていくが、その中では核融合反応は起こらず、ヘリウムコアの外側の部分で水素の核融合反応が起こっている。主系列星のうち、質量が太陽の 0.46 倍より大きな星は、ヘリウムコアがゆっくりと収縮を始める。すると、全体のバランスを保つため外層は大きく膨張し、その結果、表面の温度は下がり、星の色は赤くなっていく。しかし半径は大きくなるため、星の光度は明るくなっていく。これが**赤色巨星**（図表 5-4）への進化で

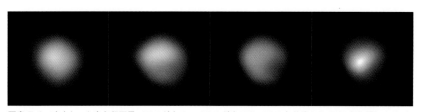

図表 5-4　暗くなった赤色超巨星ベテルギウス。ベテルギウスは、2019 年後半から 2020 年初頭にかけて、これまでにない減光を示した。図は、ESO の超巨大望遠鏡が撮影したベテルギウスの表面の画像で、左から 2019 年 1 月、2019 年 12 月、2020 年 1 月、2020 年 3 月の画像である。この減光は、2020 年 4 月には通常の明るさに戻った。©ESO/M. Montargès et al.

ある。HR 図上では、主系列星から、右上に移動していくが（☞次節）、この移動期間は数千万年程度であり、太陽の主系列星としての寿命である 100 億年にくらべると非常に短い。そのため、HR 図上で主系列星と赤色巨星の間に存在する星の数は少ない。なお、質量が太陽の 0.46 倍より小さな主系列星は、やがて中心部のヘリウムコアを包み込む水素の外層が宇宙空間に霧散し、最後はヘリウムを主成分とした**白色矮星**として星の一生を終える。しかし、水素の外層が霧散するまでには、宇宙の年齢 138 億年よりはるかに長い 500 億年以上もかかるため、このようにして一生を終えた星はまだ存在しない。

4 星の死

　赤色巨星に進化した後、星は死を迎えることになる。質量が太陽の 8 倍より小さな星は、ヘリウムコアの内部で、ヘリウムから炭素（C）や酸素（O）を合成する核融合反応が始まり、炭素＋酸素のコアが成長していく。ヘリウムの核融合反応が始まると星の表面温度は再び上昇し、星は HR 図上をほぼ

プラスワン

惑星状星雲

ジェームズ・ウェッブ宇宙望遠鏡による、ほ座の惑星状星雲 NGC 3132。中心部に 2 個の恒星が存在するが、これらは連星であるらしい。左側の暗い星はダストに覆われ、これまで見ることはできなかったが、今回、初めて明らかにされた。この連星の運動により、周囲のガスはかき回され、非対称の形状を示す。この星雲はほぼ真上から見た状態であり、もし真横から見ると、2 つのどんぶりの底を連星の位置で合わせたような、砂時計型の形状になると考えられている。距離はおよそ 2500 光年。

©NASA, ESA, CSA, and STScl

プラスワン

星団の中の惑星状星雲

らしんばん座にある散開星団 NGC 2818A の中に存在する惑星状星雲 NGC 2818。散開星団中に惑星状星雲が存在しているのは珍しい。惑星状星雲が形成されるのは、恒星が生まれてから約数十億年後であるが、星同士の重力の結びつきの弱い散開星団は、その前にばらばらになってしまうからである。散開星団 NGC 2818A の年齢は 10 億年ほどと見積もられるが、これほど長く生き残っている散開星団はまれである。太陽からの距離はおよそ 1 万光年である。

©NASA, ESA, Hubble Heritage Team (STScl / AURA)

▶ 白色矮星 ☞用語集

超新星の種類

超新星爆発は、水素の吸収線が見られないI型と見られるII型に分類される。I型はさらに、ケイ素の吸収線が見られるIa型、ケイ素の吸収線は見られず、ヘリウムの吸収線が見られるIb型、ケイ素の吸収線もヘリウムの吸収線もどちらも見られないIc型に細分される。II型は、太陽の質量の8倍より大きな恒星が、進化の段階で死を迎えるときに起こる現象で、中心部には中性子星やブラックホールが残る。なお、Ib型は水素の外層が、Ic型は水素とヘリウムの外層が強い放射や恒星風によって流出した後に、II型と同様、重力崩壊型超新星爆発を起こしたものである。これに対しIa型は、連星系をつくっている白色矮星が、その限界質量（太陽の質量のおよそ1.4倍）を超えたときに起こす大爆発である。連星系のもう一方の星が赤色巨星に進化する段階で、その外層の一部がはぎ取られ、白色矮星に降り積もっていく。このとき、白色矮星の限界質量を超えてしまうと、白色矮星として星を支えきれず、大爆発を起こす。この場合、星全体が粉々に砕け、中心部には何も残らない。

水平に、左側に移動していく。その間に、膨張して巨大になった星の外層は静かに星から離れていき、星の周りに**惑星状星雲**と呼ばれるガス状の星雲が形成される。また、中心部の炭素＋酸素のコアはそのまま白色矮星となり、惑星状星雲の中心星として残る。白色矮星の内部では核融合反応が起こらないため、新しいエネルギーを生み出すことができず、星の死となる。太陽も、あと50億年後には主系列星を離れ、赤色巨星へと進化した後、惑星状星雲をつくり、中心部は**白色矮星**となる。このような星の死は、静かな死といえる。

では、質量が太陽の8倍以上の星はどのような死を迎えるのであろうか。中心部では、炭素や酸素からネオン（Ne）やマグネシウム（Mg）を、ネオンやマグネシウムからケイ素（Si）を、ケイ素から鉄（Fe）を合成する核融合反応が次々と起こっていき、星の内部は、タマネギの層状構造のように、元素の違うたくさんの球殻が形成されていく。この間に、赤色巨星は半径をさらに増し、赤色超巨星にかわっていく。また、中心部では電子が陽子に吸収され、中性子のコアがつくられる。中性子は電気的反発力がないため、中性子コアは重力によって急激に収縮し、半径10km程度の大きさの**中性子星**となる。その結果外層の部分も中心に向かって急激に落下し始める。**重力崩壊**と呼ばれる現象である。しかし落下した外層のガスは、中性子星の表面で止められてしまい、その反動で、星は大爆発を起こす。**II型超新星爆発**（重力崩壊型超新星爆発）である。吹き飛ばされた外層のガスは、一時、超新星残骸として残るが、やがて宇宙空間に散って、再び星間ガスの一部となる。中心部には、半径10km程度の中性子星が残るが、太陽の質量の40倍以上の星の場合はブラックホールが形成される。

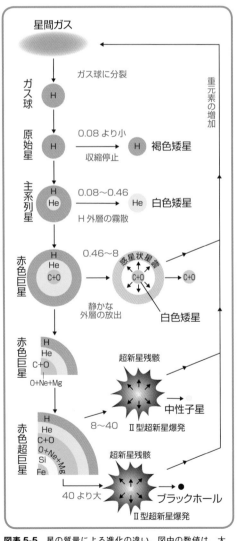

図表 5-5 星の質量による進化の違い。図中の数値は、太陽を1としたときの星の質量を表す。

▶▶▶ 星団の色 - 等級図

　横軸に色指数を、縦軸に見かけの等級をとって星団の色 - 等級図を作成すると、それは星団の HR 図とほぼ同じ図になる。なぜならば、色指数が星の表面温度と密接に関係しており、また、星団内の恒星までの太陽からの距離がほぼ等しいため、絶対等級と見かけの等級の差は、星団内の恒星でほぼ等しくなるからである。星団では様々な質量の恒星が生まれるが、これらの恒星の年齢はほぼ等しいと考えられるので、星団の色 - 等級図から、質量の異なる恒星の HR 図上の進化の様子を知ることができるだけでなく、星団までの距離や星団の年齢を知ることができる。恒星は、主系列星として生まれるので、生まれたての星団の色 - 等級図は、主系列星のみを示す。主系列星の絶対等級と色指数の関係はわかっているので、星団の色 - 等級図に見られる主系列星の分布と比較して、それらの絶対等級と見かけの等級の差が大きいほど星団までの距離が遠いことになる。また、質量の大きい主系列星、すなわち色指数が小さな主系列星ほど赤色巨星への進化が早く、主系列星から離れていく。この主系列星から赤色巨星への移動をし始めた部分は、星団の色 - 等級図上では、色指数の小さな主系列星の部分から右方向への折れ曲がりとして現れ、この折れ曲がりの部分を転向点と呼ぶ。その結果、転向点より左側の主系列星はなくなり、転向点の位置の色指数が小さいほど若い星団、大きいほど年老いた星団になる。下の図は若い散開星団プレアデス（M 45 ; すばる）と古い散開星団 M 67 の色 - 等級図である。横軸は色指数 $B - V$、縦軸は見かけの等級 m である。また、グレーの太い実線は主系列星を、矢印は転向点の位置を示す。

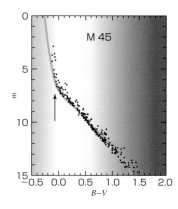

若い散開星団プレアデスの色 - 等級図

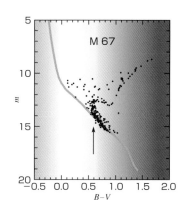

古い散開星団 M 67 の色 - 等級図

プラスワン

色指数

星からの光は、星の表面温度（スペクトル型）によって、波長による強度の分布が違ってくる。光の強度が最も強くなる波長は、表面温度が 20000 K（B 型）の星では 145 nm の紫外線領域、10000 K（A 型）の星では 290 nm の紫外線領域、6000 K（G 型）の星では 480 nm の緑色の領域、3500 K（M 型）では 830 nm の赤外線領域となる。星の光を、300 〜 400 nm の波長域で測った等級を U 等級、400 〜 500 nm の波長域で測った等級を B 等級、500 〜 650 nm の波長域で測った等級を V 等級という。これらの各波長域で測定した U, B, V 等級の差、$U - B$, $B - V$ を色指数と呼ぶ。そのため、色指数が小さいほど高温の星、大きいほど低温の星になる。なお、スペクトル型 A0 星で $U = B = V$ となるように定義されており、色指数としては、通常 $B - V$ の値が用いられる。

プラスワン

メシエ番号と NGC 番号

明るい星雲や星団、銀河などには、M や NGC の番号がついているものが多い。M のついているものはシャルル・メシエが番号をつけたもので、M 109 まで登録されている（M はメシエを意味する）。NGC はジョン・ドレイヤーが著した天体カタログ New General Catalogue の略称で、7840個の天体が登録されている。両方の番号がついている天体も多いが、M がついているものは M で記載するのが一般的である。

5章 3節 HR 図上の星の進化

> **ポイント** HR 図の位置と星の進化には密接な関係がある。前節で述べたように、星は質量（ガスの量）によってその一生が決まってしまう。ここでは、星の進化と HR 図上の位置との関係を見てみよう。

プラスワン

林トラックとヘニエイトラック
HR 図上における前主系列星の進化経路（図表5-6）をみると、質量の小さな星はほぼ真下に移動して主系列星になるが、質量の大きな星は左上方に進んでから主系列星になる。前者の経路は、このことを最初に指摘した林忠四郎にちなんで林トラック（林の経路）と呼ばれる。後者の経路は、このことを指摘したルイス・ヘニエイの名をとって、ヘニエイトラックと呼ばれる。

① 原始星から主系列へ

原始星は、収縮と周りのガスの降着による重力エネルギーで輝いている星であり、主に赤外線で輝いている。表面温度は低く、収縮とともに前主系列星となり、主系列星の位置へ移動していく。主系列星は、質量によって表面温度と光度が大きく異なるので、質量によって移動先が異なってくる。図表5-6は、前主系列星から主系列星への進化経路を HR 図上に示したものである。横軸は表面温度、縦軸は絶対等級である。左上から右下に伸びる太い実線は主系列星の位置を表す。細い実線は、質量による進化経路の違いを示したもので、図中の数値は太陽の質量を 1 としたときの前主系列星の質量を表す。また、a～d の記号は、前主系列星が収縮を始めてから a が 10 万年後、b が 100 万年後、c が 1000 万年後、d が 1 億年後の位置を表す。質量の大きな前主系列星ほど、短い時間で主系列星になることがわかる。

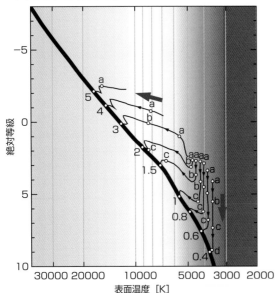

図表 5-6 前主系列星から主系列星までの進化経路

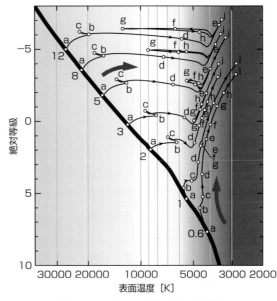

図表 5-7 主系列星から赤色巨星への進化経路

図表5-8 表面温度と色指数、星の色との関係

スペクトル型	O5	B0	A0	F0	G0	K0	M0
表面温度 [K]	42000	30000	9790	7300	5940	5150	3840
色指数 $B-V$	− 0.33	− 0.3	− 0.02	0.30	0.58	0.81	1.40
色	青白	青白	白	淡黄	黄	オレンジ	赤

② 主系列星から赤色巨星へ

　星は、主系列星の状態が最も安定で、星の寿命の大部分を主系列星として過ごすが、やがて赤色巨星へと進化していく。図表5-7は、主系列星から赤色巨星への進化経路を、星の質量別にHR図上に示したものである。左上から右下に伸びる斜めの太い実線は主系列星の位置を表す。主系列星の中の点aの左側の数値は、太陽の質量を1としたときの主系列星の質量である。点aは生まれたときの主系列星の位置を表し、図中のa〜iを結ぶ細い実線は、その質量の星の赤色巨星への進化経路を表す。ただ、質量が違えば、同じ記号でも時間はまちまちである。点bの位置での時間は、質量が太陽の0.6倍で約800億年、1倍で100億年、2倍で14億年、3倍で4.5億年、5倍で1.2億年、8倍で4300万年、12倍で2000万年であり、質量が大きくなると主系列星から離れる時間が極端に短くなることがわかる。太陽の質量より大きな星が赤色巨星のe点に達すると、中心部に溜まったヘリウムから主に炭素や酸素を合成する核融合反応が始まる。すると、このe点から進化経路をほぼ逆行してg点に達し、そこから再び赤色巨星へと向かうという複雑な経路を示す。

③ 赤色巨星から星の死へ

　赤色巨星となった恒星は、その後、死を迎える。太陽の質量の8倍より大きな星はⅡ型超新星爆発を起こし、華々しい死を迎える。外層は宇宙空間に激しく吹き飛ばされ、超新星残骸を形成する。また、中心部には、中性子星やブラックホールが形成される。つまり、HR図上では、赤色巨星の位置から、突然姿を消してしまうことになる。

　太陽の質量の8倍より小さな星は、赤色巨星となった後、赤色巨星の外層を静かに宇宙空間に解き放つ。そしてその外層は、惑星状星雲を形成した後、やがて宇宙空間に霧散してしまうが、赤色巨星の中心部にあるコアの部分は、白色矮星として残る。図表5-9に、太陽と同じ質量の星の原始星から星の死までのHR図上の経路を模式的に示す。白色矮星は、主系列星より左下に位置しているが、赤色巨星から白色矮星までの経路は、途中で星の外層が惑星状星雲となってしまうため、破線で示されることが多い。

プラスワン

赤色巨星への経路
HR図上における主系列星から赤色巨星への進化経路（図表5-7）をみると、小質量の星（赤色星）はおおざっぱに上方へ向けて移動する。したがって、表面温度 T はあまり大きく変化しないので、ステファン・ボルツマンの法則（$L = 4\pi R^2 \sigma T^4$）より、光度 L が増加するに伴い、半径 R は光度のおよそ1/2乗に比例して増加し、星は（赤色）巨星となっていく。
一方、大質量の星では光度がほぼ一定のまま、右方へ移動する（表面温度が下がり赤くなる）。したがって、ステファン・ボルツマンの法則より、星の半径は温度のおよそ2乗に反比例して増加し、やはり赤色巨星となっていく。

図表5-9 太陽と同じ質量の星の進化経路。
原始星、前主系列星、主系列星、赤色巨星を経た後、惑星状星雲を形成し、中心部は白色矮星となる。

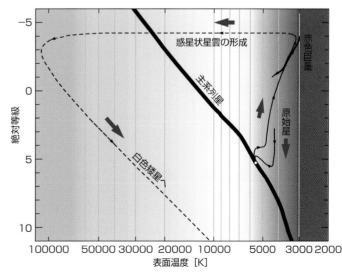

5章

4節 星は死して何を残す

ポイント 古来より、「虎は死して皮を留め、人は死して名を残す」ということわざがある。では、星は死して何を残すのだろうか？ 星の死と我々との意外な関係について見ていこう。

プラスワン

超新星残骸と中性子星
上の画像は、おうし座にある超新星残骸（Ｍ１、かに星雲）である。かに星雲をつくった超新星の出現は1054年で、日本や中国にその記録が残されている（☞ ８章２節）。かに星雲の中心には、１秒間に30回の規則正しいパルス状の電波を発するパルサー（かにパルサー）が存在している。下の図は、かにパルサーからのパルス信号をほぼ２周期分示したものである。太陽からの距離はおよそ6500光年である。

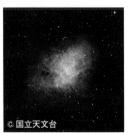

ⓒ 国立天文台

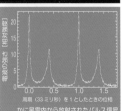

かに星雲内から放射されたパルス信号

1 星の死によって残される天体

これまで見てきたように、質量が太陽の0.46〜8倍の間の星は、惑星状星雲を形成して死を迎える。そのときに残されるものは、惑星状星雲をつくるガスと、中心部に残される白色矮星である。一方、質量が太陽の８倍より大きな星は、超新星爆発を起こして死を迎える。超新星爆発によって吹き飛ばされた外層は超新星残骸を形成する。

また、中心部には、中性子星やブラックホールが残る。中性子星は、正確な周期で電波パルスを放射するパルサーとしてしばしば観測される。パルサーは、半径10 kmくらいの中性子星が高速で自転しており、その自転軸に対して磁場の極（磁極）を結ぶ軸が大きく傾いているために、周期的に強いパルス状の電波が観測される天体である。このように、星は死して、中心部に白色矮星、中性子星、またはブラックホールを残し、周囲には惑星状星雲、または超新星残骸を残す。

HST

図表 5-10 球状星団Ｍ４中に見られる白色矮星。ハッブル宇宙望遠鏡で撮影されたさそり座の球状星団Ｍ４の外縁付近の一部を拡大したもので、丸で囲まれた中央部に淡く写っているのが白色矮星である。Ｍ４には数多くの白色矮星が存在することが確認されている。ⓒNASA

2 我らは星の子

星の世界と我々とは全く関係ないと思いがちであるが、実はそうではない。我々の体や、我々の住む地球をつくっている様々な元素（炭素や酸素、カルシウム、ケイ素、鉄など）は、水素とヘリウムとわずかなリチウムを除けばすべて星によってつくられたのだ。星の内部では、核融合反応によって炭素

や酸素、ケイ素など、鉄より軽い元素が合成される。それらの元素は、超新星爆発によって宇宙空間にまき散らされる。また、超新星爆発時には、その膨大なエネルギーにより、少量ではあるが、鉄より重い様々な元素も合成される。超新星爆発を起こす星の寿命は1億年より短いため、このような星は、これまで幾度となく生まれ、死を迎えている。宇宙初期には水素とヘリウムとわずかなリチウムしかなかった星間ガスに、超新星爆発によって宇宙空間にまき散らされた**重元素**（水素とヘリウム以外の元素）が交じり、次第に重元素の割合が増えていった。そして、今からおよそ50億年前に、重元素がおよそ2％まで増加していた星間ガスが集まって太陽が生まれた。そのとき、太陽の周りに**原始太陽系円盤**が形成され、その中の重元素が集まって地球などの惑星がつくられた。つまり、我々の体や地球をつくっている元素は、以前、どこかの星によって合成されたものである。その意味で、「我らは星の子」といえる。

地球（地殻）を構成する元素と宇宙（太陽大気）の構成元素の量を比較してみると（図表5-11）、水素とヘリウムを除けば、地球と宇宙の元素組成は非常によく似ていることがわかる。地球などの惑星をつくった材料は、太陽をつくったガスの材料から水素とヘリウムを除いたもの（重元素）なのだ。

プラスワン

宇宙の錬金術

宇宙に存在する鉄より重い元素は、これまで、超新星爆発時に形成されたと考えられていたが、金やウランなどの原子番号の大きな元素の核をつくるのは、陽子の電気的反発により困難とされてきた。しかし、中性子星の合体による重力波が検出されたことにより、中性子の合体の時に、中性子を素早く捕獲するというR過程によって、金やプラチナ、レアアースといったR過程元素がつくられ、宇宙空間にまき散らされた可能性が高いことが明らかになってきた。これこそ、宇宙の錬金術である。

5章 星々の一生

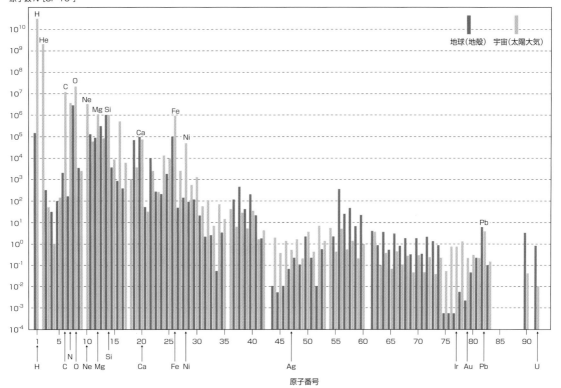

原子数 N [Si=10^6]

図表 5-11 地球（地殻）と宇宙（太陽大気）に存在する元素の個数の比較。
横軸は原子番号、縦軸はケイ素（Si）の個数を 10^6 個としたときの元素の個数 N を、対数スケール（一目盛りで10倍違う）で示している。各元素について、左側の青色が地球を、右側の黄色が宇宙を表す。宇宙には水素とヘリウムが圧倒的に多いことがわかる。宇宙が生まれたときには、水素とヘリウムとわずかなリチウムだけの宇宙であったが、その後、星が生まれ、質量の大きな星がその内部で、主に鉄（Fe）までの重い元素を合成した。鉄までの元素が、それより重い右側の元素に比べて数桁多く存在しているのはそのためだ。鉄より重い元素は、超新星爆発のときの一時的な核融合反応や中性星の合体時に合成されるが、星の内部で合成される鉄より軽い元素に比べると、その存在比は非常に少ない。

コラム

▶▶▶セファイド型変光星と距離測定

明るさは距離の 2 乗に反比例して暗くなる。したがって、ある星を 2 倍の距離に遠ざけた場合明るさは 1/4 に、10 倍の距離に遠ざけた場合、明るさは 1/100 になる。

セファイド型変光星（単に、セファイドとも言う）は、星自身の半径が周期的に変動して明るさを変える**脈動変光星**の 1 つである。太陽の質量より数倍以上大きい星が進化の段階で、下図の最初の図に示される HR 図上のセファイド不安定帯（2 本の青い線の間の領域）に入ると、セファイド型変光星になる。変光周期は数日〜200 日で、変光幅は 0.05 〜 2 等である。絶対等級は−2 〜−7 等であり、非常に明るい変光星である。また、セファイド型変光星は、絶対等級が明るいものほど変光周期が長いという、**周期光度関係**がある（下図の 2 番目の図）。そのため、星団や銀河など、ある天体中に存在するセファイド型変光星の変光周期と明るさ（等級）を測定し、周期光度関係を用いることで、その天体までの距離を求めることができる。セファイド型変光星は、天体の距離を求めるための重要な天体の 1 つなのである。

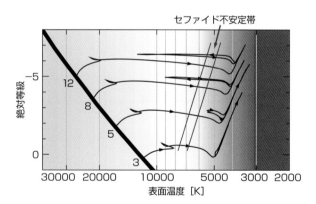

HR 図上のセファイド不安定帯。太い実線は主系列星を表し、左下の数値は、太陽を 1 としたときの星の質量を表す。そこからの矢印のついた細い実線は、その質量の星の進化経路を表す。青い 2 本の直線で囲まれた領域がセファイド不安定帯で、星が進化の段階でこの中を通過するとき、セファイド型変光星となる。

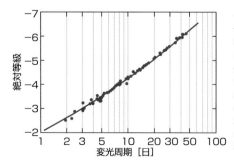

セファイド型変光星の周期光度関係。横軸は変光周期（日）、縦軸は絶対等級（最も明るくなったときと最も暗くなったときの平均値）である。変光周期が 3 日のとき絶対等級は−3 等級、30 日のときに−5.5 等級になっており、この間、ほぼ直線状に変化する。このことは、変光周期が 10 倍になれば、絶対等級はおよそ−2.5 等級明るくなることを意味する。

Question 1

ヘニエイトラックとは何か。

① 原始星が主系列星になるとき、HR 図上を左上方に移動して
いくときの経路
② 原始星が主系列星になるとき、HR 図上をほぼ垂直に下方向
に移動していくときの経路
③ 主系列星が赤色巨星へ進化するとき、HR 図上をほぼ水平に
右方向に移動していくときの経路
④ 主系列星が赤色巨星へ進化するとき、HR 図上をほぼ垂直に
上方向に移動していくときの経路

Question 2

表面温度が 20000 K の主系列星の絶対等級はお
よそ－ 4 等である。この主系列星が赤色巨星に
進化する段階で、表面温度が 4000 K、絶対等級
が－ 5 等になった。このときの半径は、主系列
星の時の半径のおよそ何倍になるか。

① 20 倍　② 40 倍　③ 80 倍　④ 160 倍

Question 3

太陽の質量の 20 倍の原始星がある。この原始星
はその後、どのように進化するか。

① 主系列星→赤色超巨星→超新星爆発（何も残らない）
② 主系列星→赤色超巨星→超新星爆発＋ブラックホール
③ 主系列星→赤色超巨星→超新星爆発＋中性子星
④ 主系列星→赤色巨星→惑星状星雲＋白色矮星

Question 4

宇宙に存在する金やプラチナ、ウランなどの重い
元素がつくられた過程として、最近有力であると
考えられているプロセスはどれか。

① ビッグバン時の元素合成
② 超新星爆発
③ 中性子同士の合体
④ 中性子とブラックホールの合体

Question 5

Ic 型超新星爆発の記述として正しいものはどれ
か。

① 水素の吸収線が観測される
② 水素の吸収線とケイ素の吸収線は観測されないが、ヘリウ
ムの吸収線が観測される
③ 水素、ヘリウム、ケイ素のいずれの吸収線も観測されない
④ 水素の吸収線は観測されないが、ケイ素の吸収線が観測さ
れる

Question 6

ニュートリノについての記述のうち、誤っている
ものはどれか。

① 電荷をもたない素粒子で、記号 ν で表す
② 他の素粒子とほとんど相互作用を起こさない
③ 水素の核融合反応や超新星爆発などで発生する
④ 大マゼラン雲の超新星からのニュートリノが、KAGURA に
よって観測された

Question 7

太陽の質量の 10 倍の主系列星がある。この主系
列星の寿命はどのくらいか。ただし、主系列星の
光度は質量のおよそ 3.5 乗に比例し、太陽の寿命
を 100 億年とする。

① 1 千万年　② 3 千万年　③ 1 億年　④ 3 億年

Question 8

図は、縦軸に見かけの等級を、横軸に色指数をとっ
て作成した 4 つの散開星団の色 - 等級図である。
この星団の中で、太陽から最も遠い星団はどれか。

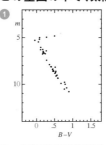
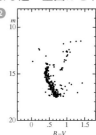
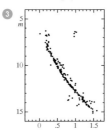
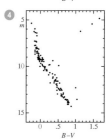

Question 9

Question 8 の図に示された 4 つの散開星団の中
で、最も年齢の若い星団はどれか。

① ② ③ ④

Question 10

セファイドの周期が 10 倍長くなると、絶対等級
はおよそ 2.5 等級明るくなる。このとき、変光周
期が 200 日のセファイドの絶対等級はおよそ何
等になるか。ただし、変光周期が 2 日のセファ
イドの絶対等級は－ 2.5 等級とする。

① － 5 等　② － 7.5 等　③ － 10 等　④ － 12.5 等

解答・解説はウラ

Answer 1

❶ 原始星が主系列星になるとき、HR 図上を左上方に移動していくときの経路

ヘニエイトラックとは、太陽質量の 2 倍程度より大きな原始星が主系列になるときに通る経路で、HR 図上を左上方向に移動していくときの経路のことである。ルイス・ヘニエイによって示されたので、この名がついている。

Answer 2

❷ 40 倍

主系列星のときと赤色巨星への進化の段階での光度、半径、表面温度をそれぞれ L_1、L_2、R_1、R_2、T_1、T_2 とする。赤色巨星への進化の段階では、主系列星のときより絶対等級は 1 等明るくなっているので、光度はおよそ 2.5 倍になり、$L_2 = 2.5L_1$ の関係が成り立つ。ここでステファン・ボルツマン定数を σ とし、ステファン・ボルツマンの法則を用いると、$4\pi\sigma R_2^2 T_2^4 = 2.5 \times 4\pi\sigma R_1^2 T_1^4$ の関係を得る。これから、$R_2/R_1 = \sqrt{2.5} \times (T_1/T_2)^2 = \sqrt{2.5} \times (20000/4000)^2 = \sqrt{2.5} \times 25$。ここで、$1 < \sqrt{2.5} < 2$ であるから、$25 < R_2/R_1 < 2 \times 25 = 50$。したがって、この範囲内にある ❷ が正答となる。この後、表面温度はあまり下がらないが、半径はさらに大きくなり、明るくなっていく。

Answer 3

❸ 主系列星→赤色超巨星→超新星爆発＋中性子星

質量が太陽の 8 ～ 40 倍の星は、赤色超巨星に進化した後、Ⅱ型超新星爆発を起こし、中心部には中性子星が残る。したがって ❸ が正答となる。❶ の進化過程は存在しない。なお、中心部に何も残らない超新星爆発は Ia 型超新星爆発で、これは連星系の白色矮星に相手の星からのガスが降り積もり、白色矮星の限界質量（太陽の質量のおよそ 1.4 倍）を超えたときに起こるものである。❷ は、太陽の質量の 40 倍以上の星の進化、❹ は太陽の質量の 0.46 ～ 8 倍の質量の星の進化過程である。

Answer 4

❸ 中性子同士の合体

ビッグバン時の元素合成では、水素とヘリウム、それにわずかなリチウムがつくられるだけで、それより重い元素は存在しなかった。その後、星の内部で鉄までの元素が合成され、超新星によって宇宙空間にばらまかれた。鉄より重い元素は、これまで、この超新星爆発時に形成されたと考えられていたが、近年、ブラックホール同士や中性子同士の合体が重力波の観測から明らかになり、中性子同士の合体時に、金やプラチナ、ウランなどの重い元素がつくられたのではないかと考えられるようになった。したがって ❸ が正答になる。なお、ブラックホールと中性子星の合体では、中性子星がブラックホールに飲み込まれてしまうため、元素合成が起きたとしても、ブラックホールに閉じ込められてしまう。

Answer 5

❸ 水素、ヘリウム、ケイ素のいずれの吸収線も観測されない

水素の吸収線が観測されないのがⅠ型超新星、観測されるものがⅡ型超新星（❶）である。また、Ⅰ型のうち、ケイ素が観測されるものが Ia 型（❹）、ケイ素は観測されないが、ヘリウムは観測されるものが Ib 型（❷）である。

Answer 6

❹ 大マゼラン雲の超新星からのニュートリノが、KAGURA によって観測された

1986 年に大マゼラン雲で起きた超新星からのニュートリノが観測されたのはカミオカンデである。この観測の功績で、小柴昌俊が 2002 年にノーベル物理学賞を受賞した。KAGURA は、重力波を検出する観測機器であり、ニュートリノは検出できない。他は正しい記述である。

Answer 7

❷ 3 千万年

光度が質量の 3.5 乗に比例する場合、寿命は質量の 2.5 乗に反比例する。したがって、この恒星の寿命は $100/10^{2.5} = 100/(10^2 \times \sqrt{10}) \sim 100/(100 \times 3.2) \sim 0.3$ 億年＝ 3 千万年となり、❷ が正答となる。

Answer 8

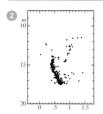

左上から右下にかけて並ぶ主系列星の帯の部分で、例えば、色指数が 0.5 のところの主系列星の見かけの等級を比較すると、❶ が 9 等、❷ が 16 等、❸ が 10 等、❹ が 12 等くらいである。したがって、この見かけの等級が最も暗い ❷ が正答となる。

Answer 9

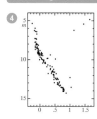

星団の年齢は、主系列星の左端の部分（転向点）の色指数が小さいほど若くなる。転向点の位置の色指数を比較すると ❶ が 0.0、❷ が 0.4、❸ が 0.2、❹ が − 0.1 となっている。したがって、❹ の星団の転向点の色指数が最も小さいので、❹ が最も若くなる。

Answer 10

❷ − 7.5 等

周期が 10 倍長くなると、2.5 等明るくなるので、変光周期が 20 日のセファイドの絶対等級は、− 2.5 − 2.5 ＝ − 5 等となる。変光周期が 200 日のセファイドは、変光周期が 20 日のセファイドの 10 倍の変光周期をもつから、これよりさらに 2.5 等明るくなるので、− 5 − 2.5 ＝ − 7.5 等となる。

6章

天の川銀河は何からできているのか?

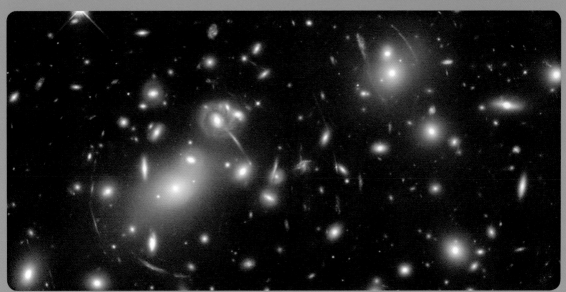

アインシュタインが提案した一般相対性理論に基づくと、銀河などの質量の影響で時空がゆがむため、その背後の天体からやってくる光の進路が曲がる。この現象を観測すると、銀河などの重力源がまるでレンズのように光を曲げているように見えるため、重力レンズと呼ばれる。アインシュタイン自身は、重力レンズが観測される可能性は小さいだろうと考えていたが、アインシュタイン生誕百周年の 1979 年に最初の重力レンズ像 QSO 0957+561A,B が劇的に発見され、以来、リング状の像や十字架の形の像など、多種多様な重力レンズが発見されている。リング状の像は、アインシュタインリングと呼ばれる。
©NASA

宇宙背景放射

　1964年、アメリカのベル電話研究所のアーノ・ペンジアスとロバート・ウッドロウ・ウィルソンは、通信には邪魔な雑音電波の調査中に、波長1mmあたりが最も強く、あらゆる方向からやってくる発生原因が不明の電波をとらえた。この電波は、後に宇宙がビッグバンによって誕生したことの証拠であったことがわかり、「宇宙背景放射」と呼ばれる。

　ビッグバン宇宙論では、宇宙の始まりは、光が透過できないほど高温・高密度のプラズマ状態だったと考えられている。この宇宙が時間とともに膨張するにつれて冷えていき、やがて光が透過できるようになり（このときの温度が3000K程度）、現在およそ3Kまで冷えたといわれている。あらゆる物質は温度に応じた光を放出している（黒体放射という）が、3Kの温度では、この黒体放射の波長が1mm程度の電波になる。ペンジアスとウィルソンが観測したのはまさにこの3Kの光だったのだ。

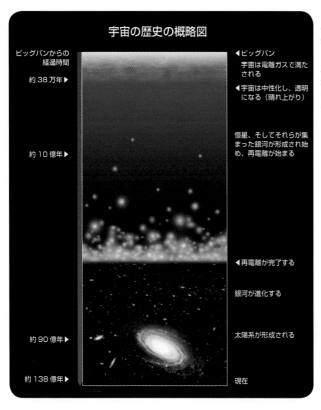

宇宙の歴史の概略図

ビッグバンからの経過時間

約38万年▶

約10億年▶

約90億年▶

約138億年▶

◀ビッグバン
宇宙は電離ガスで満たされる

◀宇宙は中性化し、透明になる（晴れ上がり）

恒星、そしてそれらが集まった銀河が形成され始め、再電離が始まる

◀再電離が完了する

銀河が進化する

太陽系が形成される

現在

ビッグバンから約38万年後には、プラズマ状態から電子と陽子とが結合して水素原子がつくられ、全体の温度・密度がさらに下がって、光は電子に邪魔されずにまっすぐ進み、透過できるようになる。この段階を宇宙の晴れ上がりといい、このときの光（宇宙背景放射）は、電磁波の観測での最古の情報を与える。これよりも過去に何が起こっていたのかを知るには、重力波などの情報を用いる必要がある。©SPL/PPS通信社

電波望遠鏡とペンジアスとウィルソン。2人は1978年にノーベル物理学賞を受賞した。©SPL/PPS通信社

コラム

▶▶▶ 輻射と放射について

　輻は車輪のスポークの意味であり、光が四方八方に放たれる様子を輻射という。現在でも専門家の文章では輻射が使われることが多い。一方、輻は常用漢字ではないので、学校現場などでは同じ意味で放射が使われている。ここでも「宇宙背景放射」と記した。

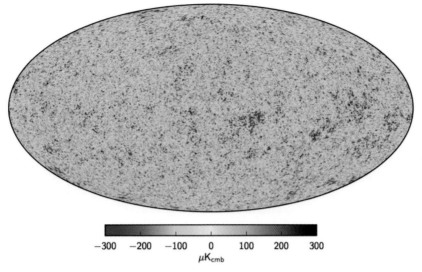

プランク衛星やWMAP衛星等のデータを用いた宇宙背景放射のゆらぎの全天マップ（出典：Planck Collaboration et al. 2016, AA 594,1）。宇宙背景放射はどこでも均一ではなく、実は場所に応じて少しずつ異なっており、これを「ゆらぎ」と呼んでいる。この図はプランク衛星の観測結果で、赤色の部分の温度は高く、青い部分は低い。このゆらぎの程度は、典型的にはその差は＋／－0.00001度。図の中央は天の川銀河の中心。

★ おまけコラム ★

ラドクリフ波

　銀河系の形は、円盤状であるといわれるが、それほど単純ではなさそうだ。比較的暗い（6等より暗い）恒星は、天の川に対して対称に分布しているが、明るい恒星の分布は、天の川からのずれがみられる。この様子は、明るい恒星が多いオリオン座が、天の川から10～20°程度ずれていることからもわかる。このような恒星の分布の特徴は、19世紀にグールドによって見い出され、明るい恒星が分布する領域は、グールドの帯（またはグールドベルト）と呼ばれている。明るい恒星は、最近できた場合が多いと推定されるので、これらの星々は、天の川とは少しずれた、太陽系を中心としたリング状の領域にある星間雲で、最近、誕生したと考えられてきた。しかし、新しいデータを基にした最新の研究により、この見方は正しくないことがわかってきた。

　アルベスたちは、太陽系近くの星間雲の距離を従来よりも正確に見積もり、星間雲の3次元分布を明らかにした。アルベスたちが用いたのは、2013年に打ち上げられたガイア衛星のデータである。ガイア衛星が精密に測定した恒星の年周視差（☞8章1節）を用いると距離が精密に求まるので、3次元の恒星や星間雲の位置が従来よりも明瞭にわかってきたのである。

　アルベスたちの研究によって、おおいぬ座からオリオン座、さらに、ケフェウス座から はくちょう座にかけての星間雲は、振幅500光年、周期6000光年で、銀河系の面から垂直に振動する波のように連なっており、銀河面から離れて見下ろすと、従来考えられていたようなリングではなく、約8800光年の長さで、ほぼ直線状に分布していることが明らかにされた。この大きな構造は「ラドクリフ波」と名付けられた（ちなみにラドクリフは、アルベスたちの研究が行われた研究所の名称である）。グールドの帯は、ラドクリフ波の構造の一部であると考えられている。ラドクリフ波の成因などはまだわかっていないが、太陽系のすぐ近くに、このような構造があったのは大きな驚きである。まさに灯台もと暗しである。

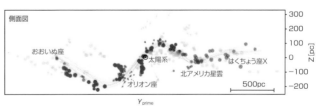

ラドクリフ波を真横から見た様子（Alves et al. 2020, Nature 578, 237）。左端が おおいぬ座、右端が はくちょう座であり、太陽系の位置は図の中心である。銀河面から離れたオリオン座分子雲は、銀河面に対しての速度はほぼゼロなので、頂点に達している可能性が高い（アルベスたちによる）。そのことも含めて考えると、波のように上下に（銀河面に対して垂直方向に）振動している様子が想像される。

1節 星間空間には何がある?

ポイント 星と星は、光速でも数年かかるほど離れている。この大空間は、完全な真空ではなく、ガスや塵が存在している(星間物質)。通常は希薄だが、密度が高くなり、新たな星(恒星)や惑星等がつくられる。地上のものを構成する物質すべては、地球ができあがった時にはあったはず。星間物質は天体のみならず、地球上のものすべての原料なのだ。

プラスワン

天の川≠銀河?

文学では、「銀河」は「天の川」のことであるが、現在の天文学では、この2つの言葉が意味するものは違う。「銀河」は、アンドロメダ銀河のように、多くの星からなる天体であり、宇宙に多数存在する。英語では galaxy(複数では galaxies)と書く。銀河の中でも太陽系を含む銀河のことを「天の川銀河」(または「銀河系」、「我々の銀河系」)と言い、英語では the Milky Way galaxy(または the Galaxy、our Galaxy)と書く。夜空に「天の川」として見えるのは「天の川銀河」の恒星の光なのである。

ちなみに俳句では、「天の川」は秋の季語であり、実際の空では夏の星座の中に見えるが、冬の星座の中にも、淡く、天の川は見えている。一方、銀河(galaxies)が見えやすいのは、春や秋の星座の中である。なぜそうなるのか考えてみよう。

▶ **星間フィラメント**

星間フィラメントの幅は、0.1パーセク程度と観測される場合が多い。星形成は、フィラメントの密度の高い部分で起こっていると考えられている。

▶ **分子雲** 用語集

① 宇宙空間は真空?

星と星の間の空間には何があるのだろうか? 星間空間は、完全な真空なのだろうか? 何もないように思われる星間空間に、色々な観測から、様々な形態でガスや塵が存在していることがわかっている。ここでは、星間物質がどのように観測されるのか、星間物質の形態を特徴づける温度や密度にも着目し、その様子を見てみよう。

② 暗黒星雲

暗い星まで写っている天体写真をよく見ると、天の川はきれいに流れているのではなく、所々、黒く塗りつぶされたようになっているのがわかる(図表6-1)。これは、星間空間を漂う星間塵が、星の光を隠すためである。このように、より遠方の星の光を遮る領域を、**暗黒星雲**という。"雲"というのは、不定な形をしていることによる。暗黒星雲は、詳細に観測

図表 6-1 天の川銀河の中心方向 © 福島英雄

すると筋状になっていることが多く、この構造を、フィラメント(または星間フィラメント)という。また地球上の雲は、水や氷の粒でできているが、宇宙の雲は、ガスと塵からできている。暗黒星雲は、どこにでもあるわけではなく、天の川の方向に多く、天の川から離れると少ない。このため、可視光では天の川方向の星の光は届きにくく、約3000光年(約1000パーセク)で光の強度は約2.5分の1(約1等級の減光)になる。

可視光より長い波長の電磁波は、星間塵の影響を受けにくい。そこで、赤外線や電波を観測して、暗黒星雲の中の様子を知ることができる。暗黒星雲からは、色々な分子が発する電波(ミリ波やサブミリ波)が観測され、分子があることがわかる。このため、分子雲と呼ばれることもある。

このように長い波長の電磁波で観測すると、暗黒星雲の奥深く、密度の高いところで、恒星がつくられる前の様子や、できたばかりの恒星が見えることがある。このような天体を調べると、地球も含め、我々の太陽系ができた様子も推定できるのだ。

③ 輝線星雲

天体写真の中に、赤く光る星雲が見られることがあるだろう。こういった星雲は、**輝線星雲**といわれ、紫外線を多く出す高温の星（O 型星など）の近くにある。星間ガスを構成する主要な成分の水素原子に紫外線が当たると、原子核（陽子）を回っている電子が、紫外線のエネルギーによって飛ばされ、原子核と電子がバラバラになってしまう。これを電離という。電離した水素ガスは H Ⅱ と呼ばれることがあり、輝線星雲は H Ⅱ 領域とも呼ばれる。後に電子は再び陽子と結びつき（再結合）、このときに色々な波長の輝線が出てくる。この 1 つが、波長 656.3nm の光（H α 線）であり、写真には赤く写る（図表 6-2）。輝線星雲を輝かせる O 型星などは寿命が短いので、輝線星雲があることは、最近、星形成が起こったことを意味する。

図表 6-2 オリオン座の馬頭星雲とその周囲
© 東京大学天文学教育研究センター木曽観測所

④ 反射星雲

天体写真の中で、青白く光る星雲は、星の光を塵が散乱する**反射星雲**である。星間空間の塵は、光の波長程度の大きさであるため、波長の短い光をより効率的に散乱する。このため、元々の星の光より、散乱光は青い。この現象は、「地球の空が青い」ことと原理は同じであるが、反射星雲では、分子でなく、塵が散乱を引き起こしていることに気をつけよう。

反射星雲は、通常、輝線星雲に比べると、温度が低い星の周囲に見られる。これらの低温の星は、ガスを電離するほどの紫外線を出していないのである。

▶ HI 雲

暗黒星雲（分子雲）や輝線星雲ほど密度は高くないが、忘れてはいけないものに HI 雲がある。HI 雲では、水素は、中性水素原子の状態（HI は中性水素のこと）であり、波長 21cm の電波を出す性質がある。電波はほとんど塵の影響を受けず、より遠方の HI 雲の情報を得ることが可能であるため、この電波観測から、天の川銀河には渦巻構造があることが初めて推定された。

▶ 星間ガスの成分

星間ガスの成分は、太陽の成分に似ていて、質量で、全体の約 8 割弱が水素、2 割あまりがヘリウム、残り（数 ％以下）が、より重い元素である。重い元素は、恒星でつくられたが、水素とヘリウムは、宇宙の最初につくられた。

▶ 星間ガスの温度・密度

色々な星間ガスについて、およその温度と密度の値を下の表に示す。
おもしろいことに、温度が高い領域では密度は低い傾向がある。このため、圧力（＝密度×温度に比例する）は、密度や温度ほどは変化しない。
ちなみに、地球の空気は、1cm^3 あたり 10^{19} 個の分子を含むが、HI 雲では、典型的には 1 個である。そのため、密度は 10^{19} 倍（＝ 10 億× 10 億× 10）ほど違うことになる。

6 章

天の川銀河は何からできているのか？

図表 6-3 プレアデス星団と反射星雲
© 東京大学天文学教育研究センター木曽観測所

図表 6-4 星間ガスの典型的な温度と密度

名称	温度（K）	密度（cm^{-3}）
暗黒星雲	10 ～ 30	100 ～ 100 万
冷たい HI 雲	100	30
暖かい HI 雲	5000 ～ 1 万	0.6
輝線星雲	1 万	0.3 ～ 1 万
惑星状星雲	1 万以上	1000 ～ 1 万
銀河コロナ	10 万～ 100 万	0.004
超新星残骸	100 万以上	様々（0.01 ～ 100）

参考：Draine（2011）"Physics of the interstellar and intergalactic medium" 等。

注）銀河コロナは、太陽のコロナ（☞ p.28）のような、高温で希薄な星間ガスのことである。紫外線や X 線での吸収スペクトル（☞ pp.56-57）の観測からその存在が示されている。ここで示す密度は、1cm^3 の空間に存在する原子または分子の数で表している（数密度とも言われる）。

6章 2節 惑星状星雲と超新星残骸はどこが違う

ポイント 惑星状星雲も、超新星残骸も、星の生涯の最後に形づくられる。そのため、この2つはよく混同される。しかし、この2つの星雲の性質、またつくられる過程、さらにはこれらの天体をつくる恒星の、いずれも異なる。

① 惑星状星雲

惑星状星雲は、低倍率の望遠鏡で見ると、他の輝線星雲などと違って、多くの場合、きれいな丸い形に見え、その様子が惑星のようだということから、ウィリアム・ハーシェルによってつけられた名称である。しかし、その実態は、惑星とは全く関係がない。

惑星状星雲の写真を見ると、その中心には、星が伴われていることが多く、星雲として見えているガスは、この中心星から放出されたと考えられている。次に述べる超新星爆発とは違って、比較的穏やかに、星からガスが放出されたらしい。惑星状星雲の中心に見える星は、主系列星の頃は、太陽の質量と同程度か、大きくても太陽の8倍以下であったはずである。もし、それよりも大きな質量の星だったら、超新星爆発を起こし、惑星状星雲をつくることはなかっただろう。惑星状星雲の中心星は、赤色巨星の段階を終えた白色矮星と考えられている（☞ 5章）。

惑星状星雲の星雲部分のスペクトルには、色々な輝線が見られる。つまり輝線星雲と同じである。しかし、中心星の温度は、輝線星雲を光らせている星よりも高く、このため見える輝線の種類が異なる。

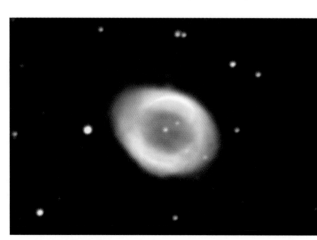

図表6-5 こと座の環状星雲 M 57。
惑星状星雲の1つで、小型望遠鏡でもリング状の姿を見ることができる。この写真では、中心に白く輝く中心星の存在を確認できる。© 兵庫県立大学西はりま天文台

攻略ポイント

惑星状星雲は、どのような星からつくられたか?

▶ 星からの質量放出

星はガスが集まってできたものであるが、逆に星からは、多かれ少なかれ、ガスが放出されている。この現象を質量放出という。恒星において、質量放出によるガスの流れを恒星風という。太陽も質量放出を行っており、太陽風といわれる。

プラスワン

ネビュリウム

惑星状星雲などのスペクトルの中に、通常の恒星や実験室では見られない輝線があり、未知の元素ネビュリウムによると考えられたこともあった（ネビュラは星雲のこと）。しかし、後に、この輝線は電離した酸素によるものであることがわかり、ネビュリウムの存在は否定された（☞ p.113 傍注）。惑星状星雲などで実験室では見られない電離した酸素による輝線が観測されるのは、星雲の密度が、地上の空気の密度よりもずっと小さい（☞ p.83 図表6-4・傍注）ためである。

● 惑星状星雲のらせん星雲
（みずがめ座）の 3D イメージ
©ESA/M.Kornmesser

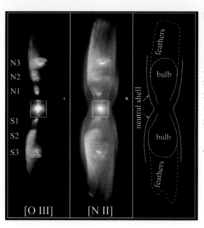

図表 6-6 惑星状星雲は、丸いもの（前頁の図表 6-5）もあるが、長く伸びたものもある。この写真は、M 2-9 という惑星状星雲であり、中心の星から上下に対称的にガスが噴出したことを示している。
左：酸素の 2 回電離の輝線のイメージ、
中：窒素の 1 回電離の輝線のイメージ、
右：構造の模式図
（出典：Corradi et al. Astronomy & Astrophysics, 529. A43, Fig.4, 部分）。

② 超新星残骸

　星は、その質量が太陽の 8 倍以上の場合、超新星と呼ばれる爆発現象を起こす。「超新星」というが、星が新しく生まれるのでないことに注意しよう。**超新星残骸**は、超新星爆発のときに放出されたガスのことである。超新星残骸も、輝線星雲や惑星状星雲と同様に電離しているが、この電離は、紫外線によるものではなく、超新星の爆発によって放出されたガスが、周囲のガスと衝突することによって生じる。

　超新星残骸は、電波も放射する。電波は、塵の影響を受けないため、光で見える範囲よりも遠方まで見通すことができる。このため光では見えないが、電波では観測できる超新星残骸もある。

　超新星によって広がるガスの速度は、1000 km/s 以上の高速に達し、周囲の星間ガスと衝突して、10^6 K 以上の高温になる。このような高温のガスからは X 線が出されるので、X 線でも超新星残骸は観測される。

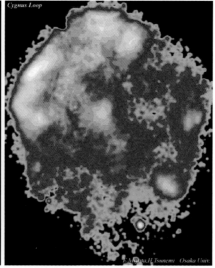

図表 6-7 （左）おうし座のかに星雲 M 1 © 東京大学天文学教育研究センター木曽観測所。（右）はくちょう座の網状星雲の X 線イメージ。疑似カラー。出典：粟野諭美『宇宙スペクトル博物館＜ X 線編＞』裳華房。

プラスワン

星間塵の起源

星間塵（固体微粒子）は、宇宙のどこでつくられるのだろうか？ 凝結しうる固体の成分を含む高温のガスが冷えて、ある程度の温度になると、ガスから微粒子が凝結してくる。赤色巨星からの質量放出や、惑星状星雲がつくられるとき、または超新星爆発の後などでは、このような状況になっており、微粒子がつくられると考えられている。つくられた微粒子は、ガスとともに星間空間に広がっていく。暗黒星雲の密度が高い領域に来ると、お互いに合体したり、別の成分（たとえば氷など）が表面を覆ったりして、大きくなるのだろう、と考えられている。

プラスワン

星間空間にあるもの

星間物質について、まとめておこう。星間空間には、ガス（星間ガス）と塵（星間塵）があり、これらをまとめて「星間物質」という。星間ガスは、暗黒星雲では分子、HI 雲では原子、輝線星雲では電離したガス、という具合に、その環境で状態が異なる。

星間塵は固体微粒子であり、その大きさは約 0.2 μm 以下である。ケイ酸塩鉱物（シリケイト）や石墨（グラファイト）などからなるといわれるが、必ずしも明らかではない。

星間物質の比較的濃い部分が宇宙でどう広がっているのかを調べると、地球の空の積雲のように、塊になっていることが多いことがわかる。そこで、この塊のことを、「星間雲」という。

6 章

天の川銀河は何からできているのか？

3節 散開星団と球状星団はどこが違う

ポイント 散開星団を望遠鏡で見ると、星と星が離れて見えるものが多いのに対し、球状星団では密集して見える、という具合に見え方がずいぶん違う。実際、散開星団の星の数は数十から数百程度であり、球状星団を構成する星の数は数万から数十万と、星の数が違う。その他にも違いがあるのだろうか？

▶本当に若い？若くない？
散開星団は、1000万年ないし1億年程度の時間スケールで星間雲に遭遇し、その潮汐力で壊されてしまう。そのため、あまり若くない散開星団は存在しないはずだ。しかし、NGC 188やM 67など、例外的に、年齢が100億年に及ぶ古い散開星団もある。一方、大マゼラン雲には、若い球状星団もある。なぜ、このような例外的な天体があるのだろうか。この理由には、我々が知らない宇宙の秘密が隠されているのかもしれない。

プラスワン

星団は恒星進化の実験室
星団の星々は、ほぼ同時に生まれたと考えられている。しかし、それぞれの星の質量は、少しずつ違うだろう。質量が違うと、誕生後の星の進化の様子が違ってくる。この様子は、理論的な計算で再現することができる。
星団以外の星々は、生まれた時期が違うので、単純ではない。この意味では、星団は理論研究を検証するための"実験室"といえるだろう。

① 散開星団

　散開星団の星の数は、数十から数百程度である。散開星団には、次ページで紹介する球状星団と違って、高温の主系列星（O型やB型など）が含まれていることが多い。これらの星は、より低温の主系列星（M型など）に比べると、寿命が短い。また、星団に含まれる星々は、1つの星間雲から、ほぼ同時に生まれたと考えてよいだろう。そう考えると、散開星団ができてから、O型やB型などの星が死ぬほどの時間は経っていない、つまり比較的若い天体であると考えることができるだろう。

　散開星団が若い天体である、ということは、星団の星々のスペクトルが示す重元素量からもわかる。水素やヘリウムは、宇宙がつくられたときにできたが、より重い元素は、恒星の中の核融合反応によってつくられた（☞5章）。散開星団の星の重元素量を調べると、太陽と同程度か、天体によっては、より多い場合もある。

　また、散開星団が存在するのは、天の川銀河の円盤と呼ばれる部分である。円盤部分には塵が存在し、光を遮るため、遠方の散開星団は観測しにくい。このため、天の川銀河にある散開星団の数は正確にはまだわかっていない。

図表6-8　ペルセウス座の二重星団h‐χ。写真の左側（空では東側）がχ星団、右側（西側）がh星団であり、天球上で約0.5度離れている。いずれも散開星団である。© 県立ぐんま天文台

② 球状星団

　球状星団の星の数は、数万から数十万程度であり、文字通り、丸く見える天体である。球状星団には、散開星団と違い、通常、高温の主系列星（O型やB型など）が含まれていることはない。球状星団の星は、寿命が長い、質量が比較的小さい星によって構成されている。つまり、球状星団自体、古くからある天体なのだ。

　球状星団が、古い天体であることは、星団の星々のスペクトルからもわかる。これらのスペクトルを見ると、重い元素は、太陽と比べて、100分の1から1000分の1程度しか含まれていない（ここでは、ガス全体に対しての重元素量（質量）の比率で比べている）。球状星団は、まだ重元素が少なかった頃、つまり我々の天の川銀河ができた頃にできたのだ。

　球状星団は、天の川銀河のハローの部分（☞7章）に見られる。ハローは、天の川銀河の数十キロパーセクに及ぶ球状の領域であり、円盤部分よりも大きい。天の川銀河の円盤部と比べると、ハローでは、星間物質は少なく、現在では星形成は起こっていない。ハローには塵がほとんどないので、散開星団よりも観測しやすい。このため、球状星団の大部分が観測されていると考えられ、その数は、約150である。球状星団がハローに見られることは、かつてはハローでも星形成が起こったことを意味している。このため、球状星団を調べることによって、天の川銀河がどのようにつくられたかを知ることができる。

図表6-9　球状星団M3 © 兵庫県立大学西はりま天文台

図表6-10　星団の典型的な物理量

	大きさ［パーセク］	星の数	年齢［年］	重元素量
散開星団	1〜10	$10〜10^2$	$10^7〜10^9$	太陽程度
球状星団	1〜10	$10^4〜10^6$	10^{10} より大	太陽の$10^{-3}〜10^{-2}$

▶ **星団の空間分布**

下の2つの図は、それぞれ散開星団と球状星団の天球での分布を示す（モルワイデ図法で世界地図のように展開している）。これら2種の星団の天球上の分布は、明らかに異なる。

上：散開星団の分布。図の中心は天の川銀河の中心の方向であり、天の川は図の中心を通る水平線に沿う（ただし天の川は描かれていない）。散開星団の多くは、水平線、つまり天の川に沿って分布している。ここに示された散開星団の距離は、数キロパーセク以下であり、球状星団に比べると近い。
（データ：Dias W.S., Alessi B.S., Moitinho A. and Lepine J.R.D., 2002, A&A 389, 871.）

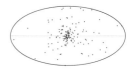

下：球状星団の分布。球状星団の分布の中心は、天の川銀河の中心に一致する。球状星団の距離は、数キロパーセクから数十キロパーセクにも及ぶ。つまり球状星団は、円盤部分に存在する散開星団（上図）よりも、はるかに大きな領域に分布する。球状星団の空間分布から、ハロー・シャプレーは、天の川銀河の中心は太陽系ではないことを、20世紀前半に初めて示した。
（データ：Harris, W.E. 1996, AJ, 112, 1487）

6章 天の川銀河は何からできているのか？

4節 銀河の回転が意味するダークマター

ポイント 銀河の回転は、何を意味するのだろうか？ 回転から得られる情報を考えてみよう。銀河の回転は、星や星間物質の量から推定される速度よりも速い。このことは、星や星間物質以外にも、何か重力を及ぼしているもの（ダークマター）があることを意味している。

鳴門の渦潮。渦巻銀河と似ているようではあるが……。

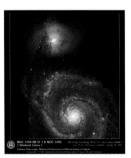

渦巻銀河M51(NGC5194,下)と棒渦巻銀河NGC5195(上)は連なっており、子持ち銀河と呼ばれる。りょうけん座にある。©国立天文台

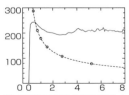

天の川銀河の回転曲線（実線）と太陽系の惑星の公転速度（破線）。横軸は距離（天の川銀河はキロパーセク、太陽系は天文単位）、縦軸は回転速度(km/s)。ただし、惑星の公転速度は10倍の値にしている。

1 銀河の回転と渦状構造

　渦巻銀河（☞7章）の様子（左中の図）は、海の渦（左上の図）とよく似ている。回転しているのなら、渦を巻いていることは当然なことのように思えるが、話は単純ではない。

　銀河で、星が1周する周期は、およそ数千万年から数億年程度である。銀河は誕生して130億年以上経っていると考えると、今までに、数十周以上も回転していることになる。また銀河中心からの距離によって、星が1周にかかる時間は異なり、このような回転を差動回転という。銀河が数十周回転していて、さらに差動回転を考えると、銀河の腕は、硬く巻き込んでいるはずだが、実際の銀河は、ふわりと巻いているものも多い（☞7章）。つまり、普通の渦では銀河の渦巻きは説明できない。この問題を「巻き込みの困難」という。実際には、銀河の中で何らかの仕組みが働き、巻き込みの困難は起こっていないはずである。諸説はあるが、有力な説では、銀河の腕は、"波"（密度波や衝撃波）であると説明されている。波は物質（星や星間ガス）を移動するので、必ずしも巻き込まれてしまうことはない。

2 銀河の回転曲線

　さらに銀河の回転の様子を詳しく調べよう。銀河の中で、星や星雲がどんな速さで回転しているのかは、大望遠鏡と分光器を用いてスペクトルを撮影し、調べることができる。スペクトルから得られた回転速度を縦軸に、銀河中心からの距離を横軸にとって得られた曲線を、回転曲線（図表6-12）という。

　面白いことに、回転曲線は、銀河中心あたりでは、距離とともに増加するが、ある程度、銀河中心から離れると、ほぼ、一定の値をとるようになる。これは大変不思議な現象である。比較の例として、太陽系の場合を考えてみよう。ほとんどすべての質量が太陽にあり、太陽系内の天体の運動を支配している。そのため、太陽から遠いほど太陽の重力が弱くなり、惑星などの公転速度は遅くなっている（左下の図）。

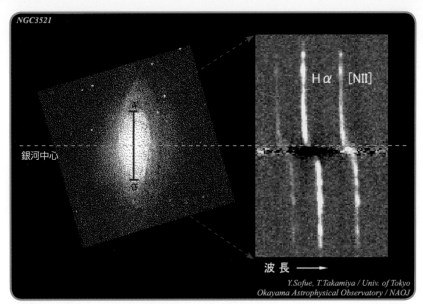

NGC3521

Hα [NII]

銀河中心

波 長 ⟶

Y.Sofue, T.Takamiya / Univ. of Tokyo
Okayama Astrophysical Observatory / NAOJ

図表 6-11 銀河のスペクトル。銀河の長軸にスリットを当てる（左）と、長軸に沿ったスペクトルが得られる（右）。銀河中心より下では、輝線の波長が長い方にずれているので、遠ざかっていることがわかる。同様に、銀河中心より上では、輝線の波長が短い方にずれているので、近づいていることがわかる。出典：粟野諭美『宇宙スペクトル博物館＜可視光線編＞』裳華房。

　天の川銀河の場合、必ずしも銀河中心の１点に質量が集中しているわけではないが、それでもかなりの質量が銀河中心近くにある。そのため、太陽系と同様、より中心から離れている場所では、回転速度は遅くなるはずだ。しかし、実際にはそうなっていない。これはどういうことだろうか？

　通常の説明では、光や電波では見えないが重力を及ぼす物質（**ダークマター／暗黒物質**と呼ぶ）が、銀河（特にハローの部分）に存在する、と仮定する。そうならば、遠くの天体も、より大きな重力を受けて、結果的に速い速度で回っていることが説明できる（別の説もある。☞ p.89 プラスワン）。しかしながら、ダークマターは何なのか、まだ明確にはわかっていない。

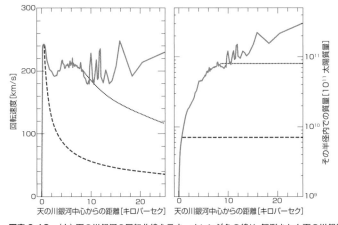

図表 6-12 （左）天の川銀河の回転曲線を示す。オレンジ色の線は、観測された天の川銀河の回転曲線（Sofue 2012, PASJ 64,75）である。青い点線は、銀河中心から 8.5 キロパーセク以上離れた領域には質量がない場合に予測される回転曲線を示す。赤い点線も同様であるが、0.5 キロパーセク以遠の領域に質量がないことを仮定している。２つの点線は、どちらも暗黒物質がないと仮定した場合に相当する。（右）ある半径（天の川銀河中心からの距離）よりも内側にある質量。

---攻略ポイント---

ダークマターは、なぜ宇宙に存在すると考えられているだろうか？

プラスワン

重力の法則の修正？
回転曲線を説明するには、普通はダークマターを考える。しかし別の可能性を考える天文学者もいる。ニュートンが発見した重力の法則は、重力は距離の２乗に反比例する、というものだった。しかし、この法則が銀河のスケールで成り立つという保証はない。銀河のスケールでは、この法則が少し変わってくるのだろうと考えると、ダークマターを考えなくても回転曲線が説明できるそうである。しかし、この修正を積極的に支持する事実は今のところ、見当たらず、大多数の天文学者はこの説に同意していない。

プラスワン

天の川銀河の中心付近を通過した天体
赤外線の観測で、G2と呼ばれる天体が、天の川銀河中心にある いて座A＊（☞ p.90 コラム）に向かっていく楕円軌道を運動していることがわかり（2012 年）、G2 は 2013 年夏頃に いて座A＊に最接近した（p.90下図）。当初、G2 はガスの塊と考えられ、最接近時にはガスの塊は崩壊して降着円盤（☞用語集）がつくられてX線などで明るく輝くだろうと予測された。しかし、その後の観測で、G2 はいて座A＊への再接近後も存在していることが確認された。またX線などで明るく輝いたという観測もされていない。当初の推測と違って、G2 はガスの塊ではなく、ガスをまとった星であったのかもしれない。天の川銀河の中心部には、まだ未解明の天体や現象が多そうである。

▶ 天の川銀河の中心付近の電波源

天の川銀河中心を電波で観測すると、いくつかの電波源が見られ、いて座 A、B、C、D などの名前がつけられている。これらをさらに調べると、細かい構造があることがわかる。いて座 A にも内部構造があり、いて座 A*は、その構造の一部分である。

プラスワン

可視光では見えない天の川銀河の中心

ガスや塵の密度は、場所によって大きく変わり、特に天の川銀河の中心の方向は、大きい。銀河中心からの光は、約 30 等級の減光を受けると見積もられている。銀河中心付近には、星間物質が多いのだ。

天の川銀河の中心からの可視光は、実際には全く見ることができないが、代わりに、電波、赤外線、X 線、ガンマ線などにより、天の川銀河中心付近の様々な現象が研究されている。

プラスワン

2020 年のノーベル物理学賞

ブラックホール研究に対して贈呈された。理論研究を進展させたロジャー・ペンローズ、天の川銀河の中心のブラックホールの観測研究に貢献したラインハルト・ゲンツェルとアンドレア・ゲズの 3 名である。ゲンツェルとゲズはそれぞれの観測チームを率いて、長年にわたり、いて座 A*の近くの星の運動を研究した。ちなみに、本文で使用した図は、ゲンツェルたちのグループによる論文から引用している。

コラム

▶▶▶ 天の川銀河の中心に潜むモンスター

　天の川銀河の中心には、いて座 A*（エースター）と呼ばれる電波源が見つかっている。この天体は、見かけの大きさが 0.001 秒角以下と極めて小さい。その名称からわかるように、いて座の方向にあるが、塵の影響で可視光では見えない。しかし、赤外線では塵の影響は小さくなり、電波では影響がないので観測できる。

　いて座 A*から数千天文単位の距離にある星の運動の様子（下図）が、VLT の 8m 望遠鏡を用い、波長 2.2 μm の赤外線で詳しく調べられた。ブラックホール本体は直接見ることはできないが、これらの星の運動から、いて座 A*は、太陽質量の $(3.6 \pm 0.3) \times 10^6$ 倍の巨大ブラックホールであることが明らかにされた。巨大望遠鏡の威力は恐るべしである。

　銀河によっては、膨大なエネルギーが放出されている活動銀河核があったりする（活動銀河核と比べると、天の川銀河の中心の活動はおとなしいものである）。銀河の中心には、天の川銀河と同様に、巨大なブラックホールがあるのが普通らしい。活動銀河核の現象は、銀河の中心に潜む巨大なモンスター、つまりブラックホールによって引き起こされているのだ。

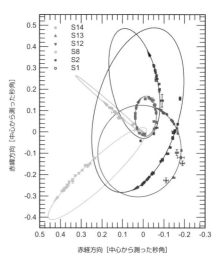

いて座 A*の近くの星の運動。横軸と縦軸の 0.1 秒角が、850 天文単位に相当する
（出典：Eisenhauer et al 2005, ApJ 628, 246）。

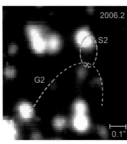
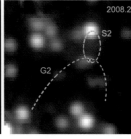

天の川銀河の中心の巨大ブラックホール（×印）の近くを通過する、天体 G2 と恒星 S2（左は 2006 年 2 月、右は 2008 年 2 月）。G2 は、2013 年から 2014 年にかけて、天の川銀河の中心から光の速度で 20 時間の所を通過した（出典：Pfuhl ＋ 2015、ApJ 798, 111）。

Question 1

銀河系の中心領域を観測するのに適していない波長はどれか。

1. X線
2. 可視光
3. 赤外線
4. 電波

Question 2

下の図は天球上でのある天体の分布を表したものである。それは次のうちどれか。
図はモルワイデ図法で世界地図のように展開している。中心は銀河系中心の方向で、楕円の長径は天の川に沿った方向にある。

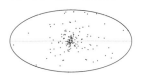

1. 球状星団
2. 散開星団
3. クェーサー
4. 暗黒星雲

Question 3

HI雲の温度が1万Kで密度が1個/cm^{3}であるとすると、温度20Kの暗黒星雲の密度はどのくらいになるか。ただし、HI雲と暗黒星雲の圧力は等しいとする。

1. 0.02個/cm^3
2. 1個/cm^3
3. 50個/cm^3
4. 500個/cm^3

Question 4

星間ガスの温度の正しい組み合わせはどれか。

1. HI雲　10K
2. 暗黒星雲　100K
3. 銀河コロナ　1000K
4. 輝線星雲　1万K

Question 5

かに星雲はどのような天体か。

1. 惑星状星雲
2. 超新星残骸
3. 輝線星雲
4. 伴銀河

Question 6

銀河系は全体が回転している。その回転速度は、銀河の中心から離れてもあまり遅くならない。この理由の説明として適当なものを選べ。

1. 銀河系の中心に巨大なブラックホールがある
2. 銀河系の腕は、そのうち巻き込まれてなくなる
3. 銀河系の回転により衝撃波が発生し、星を吹き飛ばしている
4. 未知の物質が回転速度に影響している

Question 7

暗黒星雲の主成分は何か。

1. 水素分子
2. 水素イオン
3. 一酸化炭素分子
4. 二酸化炭素分子

Question 8

太郎君は昨晩、散開星団と球状星団の特徴を表にまとめてみた。しかし、眠かったので一部間違ってしまったようである。今朝、太郎君が正しい表と見比べ直してつぶやいた言葉として、最もふさわしいものはどれか。

	大きさ[pc]	星の数	年齢［年]	重元素量
散開星団	1〜10	10〜10^2	10^7〜10^9	太陽の10^{-3}〜10^{-2}
球状星団	1〜10	10^4〜10^6	10^{10}より大	太陽程度

1. 大きさがどちらも同じ値になっているが、片方の値を両方に写してしまった。正しい値に書き換えよう
2. 星の数を上下逆に写してしまった。正しい値に入れ替えよう
3. 年齢を上下逆に写してしまった。正しい値に入れ替えよう
4. 重元素量を上下逆に写してしまった。正しい値に入れ替えよう

Question 9

次のうち散開星団ではないものはどれか。

1. ヒアデス星団
2. ω星団
3. プレアデス星団
4. ペルセウス座hχ星団

Question 10

星の光（可視光）は星間塵により減光される。可視光が太陽系近傍で1600光年の距離を進むと、一般的に約何等級減光すると考えられるか。

1. 0.05等級
2. 0.5等級
3. 5等級
4. 50等級

Answer 1 ■■■■

② 可視光

銀河系中心付近には星間物質が多く、可視光では観測できない。その他の選択肢である X 線、赤外線、電波では、このような領域を観測することができる。

Answer 2 ■■■■

① 球状星団

球状星団は、銀河系中心を中心にして広い範囲に分布する。散開星団の多くは天の川に沿って分布する。

Answer 3 ■■■■

④ 500 個 /cm³

星間ガスの圧力は温度と密度の積に比例する。したがって、同じ圧力では温度と密度は反比例することとなるので、（1 個 /cm³）×（1 万 K/20K）＝ 500 個 /cm³ となる。

Answer 4 ■■■■

④ 輝線星雲　1 万 K

暗黒星雲は 10 ～ 20K、H I 雲はもう少し温度が高く約 100K ～ 1 万、銀河コロナは 10 万 K ～ 100 万 K にもなる。

Answer 5 ■■■■

② 超新星残骸

かに星雲は、1054 年に出現した超新星の残骸である。

Answer 6 ■■■■

④ 未知の物質が回転速度に影響している

88、89 ページの解説をよく読んでほしい。この未知の物質、ダークマターは観測できる物質よりもはるかに大きな影響を及ぼしている。ただ、その正体はいまだわかっておらず、天文学上の大きな謎である。

Answer 7 ■■■■

① 水素分子

星間ガスの主成分は水素である。低温の暗黒星雲内では、水素は主に分子の状態にある。

Answer 8 ■■■■

④ 重元素量を上下逆に写してしまった。正しい値に入れ替えよう

太郎君のつぶやきから、表の中で間違ってしまったのは 1 つの性質だけとわかる。大きさ（散開星団も球状星団も同程度）・星の数・年齢の 3 つの間には整合性があり、これらを合わせると上が散開星団、下が球状星団のそれだと判明する。重元素の量は、球状星団が銀河系誕生のまだ重元素が少ない頃にできたことを反映して、球状星団では太陽の 1000 分の 1 から 100 分の 1 と少ない。よって、これが間違ってしまった項目で、答えは ④ 。

Answer 9 ■■■■

② ω星団

ω星団はケンタウルス座にある球状星団。望遠鏡発明以前に恒星と勘違いされてバイエル名のωがつけられた。ペルセウス座の二重星団 h（エイチ、NGC869）χ（カイ、NGC884）も同様にコンパクトにまとまって明るく見えるので、バイエル名がつけられている。ヒアデス星団、プレアデス星団はおうし座の散開星団。

Answer 10 ■■■■

② 0.5 等級

太陽系近傍での可視光の減光量は、1 キロパーセク（＝ 3260 光年）当たり約 1 等級であることが知られている。

★ おまけコラム ★

球状星団はなぜ丸い

　もし星団をつくる星々が平均的にある方向に回っていたら、つまり星団全体が自転していれば、遠心力で平たくなりそうだが、そうはなっていない。このことは、球状星団は全体としてはほとんど自転していないことを意味する。

　星団ができたときには、回転をしていてもおかしくはないだろうから、何らかの働きによって、今は回転しなくなったと考えられる。星団の中の星々は、基本的には楕円軌道を描いて運動する（ケプラー運動）。しかし、時々は別の星に近づき、重力の影響で、星団から放り出されることもあるだろう。このとき、回転成分（角運動量）もこの星とともに逃げ、星団全体の回転は遅くなる。これが積み重なり、回転はより遅く、形はより丸くなったのだろう。

7章

銀河の世界

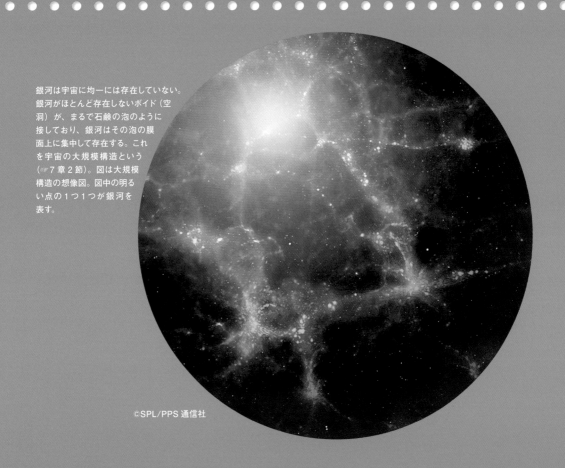

銀河は宇宙に均一には存在していない。銀河がほとんど存在しないボイド（空洞）が、まるで石鹸の泡のように接しており、銀河はその泡の膜面上に集中して存在する。これを宇宙の大規模構造という（☞7章2節）。図は大規模構造の想像図。図中の明るい点の1つ1つが銀河を表す。

ダークマターをとらえる

　宇宙には目に見えない闇の存在がある。質量およびエネルギーの総量で考えて、宇宙全体のの約27%を占めるダークマターと、約68%を占めるダークエネルギーだ。我々人類が知っている（と思っている）身近な物質は、残りの約5%でしかない！

　ダークマターの正体はよくわかっていない。通常の物質とはほとんど相互作用しないある種の素粒子ではないかと推測されていたが、新しいモデルも提案されつつある。ダークマターの探査は、ダークマターが通常の物質と相互作用する反応を観測する「直接探査」、宇宙でダークマター同士が対消滅する際に発生する宇宙線を観測する「間接探査」、通常の物質同士を加速器の中で衝突させてダークマターを生成する「加速器実験」の3種類の方法が実施されている。いずれの方法でもダークマターは未だに検出されていないが、その発見と性質の解明を目指し、現在も様々な研究が進行中である。

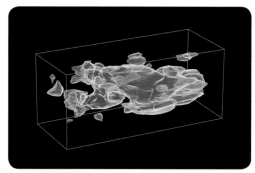

©SPL/PPS通信社

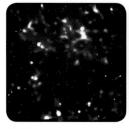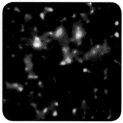

電磁波を出さないため目に見えないダークマターではあるが、質量をもち、周囲の時空を歪ませる。約50万個の銀河の形態のゆがみから、そこにあると推測されるダークマターの質量分布をとらえ、さらに、すばる望遠鏡でその銀河までの距離を測ることでダークマターの3次元的な空間分布が明らかになった。画像上では、左が近くの宇宙を、右奥へ行くほど遠くの宇宙を表す。
下画像は、銀河の分布（左）とダークマターの分布（右）を表す。ダークマターが大規模構造（☞7章2節）を有しており、銀河は、その大規模構造の中に分布していることがわかった。©SPL/PPS通信社

国際宇宙ステーションの日本実験棟「きぼう」船外に設置された高エネルギー電子・ガンマ線観測装置CALETを用い、ダークマター同士が対消滅した痕跡の可能性が指摘されている電子過剰問題を探っている。写真の赤丸で囲んだ装置が「きぼう」船外実験プラットフォームに取り付けられているCALET。©JAXA/NASA

ダークマター直接検出実験XENONnT。イタリアの地下実験施設における第2世代ダークマター直接検出実験XENONnTでは、硝酸ガドリニウムを注入した水チェレンコフ検出器を用いて、ダークマターの信号と区別できない信号の原因となる中性子を捕獲して除去する際、スーパー・カミオカンデのために開発された日本の技術が使われている。写真はアップグレード前のXENON1T。

続々見つかる重力波

2015年9月14日、アメリカにあるレーザー干渉計重力波天文台（LIGO）で史上初の重力波が検出された（GW150914と命名）。その観測データから、太陽質量の約35倍と約30倍のブラックホール同士が合体し、太陽質量の約62倍のブラックホールが生成され、太陽質量の約3倍のエネルギーが重力波に変換されたということがわかった。その後、続々と重力波イベントが検出されるなか、2つの中性子星からなる中性子星連星同士の合体では、ガンマ線衛星「フェルミ」「インテグラル」もそのイベントによるガンマ線増光を検出。すばる望遠鏡など他の地上望遠鏡でもサポート観測が行われ、イベントが発生した天体の位置が明らかにされた。また、ブラックホールと中性子星からなる連星の合体に伴う重力波も検出された。2020年からは日本の重力波望遠鏡KAGRAも稼働し、世界の重力波望遠鏡との共同観測も始まっている。　重力波の観測だけでは、重力波の発生源の天体を決定することはできない。しかし重力波と電磁波（可視光はもちろんガンマ線、X線から電波まで）など様々な観測結果を複合的に用いて天体・現象を理解する（マルチメッセンジャー天文学と呼ばれる）ことで、重力波源の天体を決定し、金などの重元素の起源やガンマ線バーストの生成機構などに対して多くの情報を得ることができる。

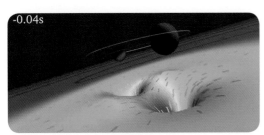

-0.04s

2つのブラックホールからなる連星がある

-0.02s

互いに引き付け合いながら公転している

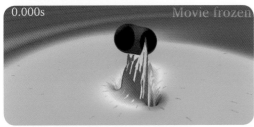

0.000s

Movie frozen

衝突の瞬間、最も強い重力波が主に上下方向に出る

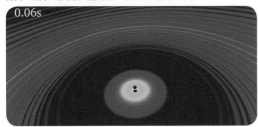

0.06s

重力波が伝わっていく

ブラックホール合体のシミュレーション。2つのブラックホールが公転しており、（上2つの図）、それらが衝突した瞬間（3つ目の図）に最も強い重力波が放出される。

上図4点は動画 https://www.black-holes.org/gw150914/ より

©SXS Collaboration/Canadian Institute for Theoretical Astrophysics/SciNet

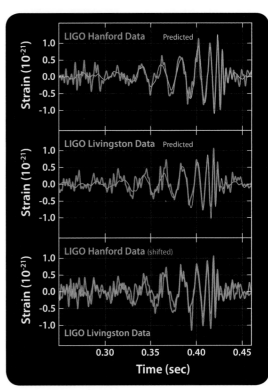

LIGOで初検出された重力波（GW150914）の信号の波形データ。グラフの横軸が時間（秒）、縦軸は信号の強さを表す。グラフ（上）がハンフォード、（中）がリビングストンで検出された信号、（下）は横軸を7ミリ秒ずらして2カ所のデータを重ねたもの。©Caltech/MIT/LIGO Lab

7章

1節 銀河の形態

ポイント 　銀河は、形や大きさが色々である。我々の住む銀河＝天の川銀河は、渦巻銀河で、大型の銀河である。形としては、他に楕円銀河、不規則銀河などがある。大きさの小さな銀河は、矮小銀河と呼ばれる。宇宙には、まさに多種多様な銀河が存在しているのである。

▶ **楕円銀河** ☞用語集

▶ **渦巻銀河** ☞用語集

▶ **銀河の中身**
銀河には星以外にも、主に水素でできた希薄な気体成分（星間ガス）と固体の微粒子（星間塵）を含む星雲があり、さらに星間空間には、様々な電磁波放射や粒子（宇宙線 ☞ p.132 傍注）が飛び回っている。また、銀河の中心核には超巨大ブラックホールがあり、そのまわりに降着円盤の系が発達している場合がある。加えて、重力を及ぼすが見えない正体不明の物質、ダークマター（暗黒物質）も大量に存在して、重力としてのまとまりを支配しているのではと考えられている。

プラスワン

小宇宙・島宇宙
銀河は、かつては小宇宙、あるいは島宇宙と呼ばれたこともあった。美しい名前ではないか。

▶ **降着円盤** ☞用語集

① 色々な銀河

　銀河を分類する際、注目する点は形と大きさである。まずは形から。図表7-1 は**楕円銀河**で、球形状の銀河である。図表7-2 は楕円銀河と違って円盤状の構造をもった銀河である。その円盤に渦巻状の濃淡が目立って見えるので、**渦巻銀河**と呼ばれている。渦巻銀河中央部にはバルジと呼ばれる部分があり、

図表7-1 おとめ座にある楕円銀河、M 49（DSS）

図表7-2 うお座にある渦巻銀河、M 74（DSS）

図表7-3 しし座にある棒渦巻銀河、M 95（DSS）

図表7-4 かみのけ座にあるレンズ状銀河、NGC 4251（DSS）

円盤部よりは小さい球形状の構造である。図表7-3は、**棒渦巻銀河**と呼ばれるもので、バルジが棒状になっているものである。図表7-4は**レンズ状銀河**で、楕円銀河と渦巻銀河の中間形のものである。レンズ状銀河は円盤部をもっている。図表7-4は、その円盤部を横から見ている。円盤部があまり発達していないというのも、よくわかる。

次に大きさに移ろう。図表7-5には、有名な**アンドロメダ銀河**が写っている。その上下に、小さな銀河が2つ見えている。この銀河はアンドロメダ銀河の衛星銀河（伴銀河）であり、天の川銀河からの距離がアンドロメダ銀河と同じであることがわかっている。ということは、遠方にあるから小さく見えているのではなく、とても小さな銀河であるということである。このような小さな銀河のことを**矮小銀河**と呼んでいる。矮小銀河の反対語は特にないが、ここでは大型の銀河と表記しておこう。天の川銀河は、アンドロメダ銀河と同規模の大型の銀河である。天の川銀河の周りを回っている、**大マゼラン雲・小マゼラン雲**という名の銀河も矮小銀河である（☞図表7-6）。整った形に見えないので、**矮小不規則銀河**という型のものである。矮小銀河のうち図表

図表7-5　アンドロメダ銀河の雄姿。アンドロメダ銀河の衛星銀河も2つ見えていることに注意（DSS-Wide）。上がNGC 205、下がM 32。

7-5は楕円銀河のように丸く見えるので**矮小楕円銀河**という型のものである。大マゼラン雲は、矮小銀河と言えるほど小型ではないとする見方もある。

不規則銀河は銀河のサイズが小さいから不規則形状になる場合（つまり、矮小不規則銀河）だけでなく、銀河どうしの接近や衝突で不規則銀河になる場合もある（☞図表7-7）。なお、銀河は小さくても楕円形という場合もあるので、矮小であれば不規則形状になると決まっているわけではない。

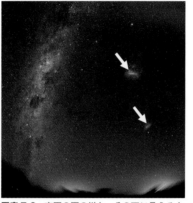

図表7-6　南天の天の川と、その下に見える大マゼラン雲（上側矢印）と小マゼラン雲（下側矢印）。天の川を至近距離から見た大型銀河として見てみよう。衛星銀河2つが近くにあるアンドロメダ銀河（図表7-5）とそっくりに見える。
©Mitsunori Tsumura

図表7-7　うお座にある衝突銀河、NGC 520（DSS）

プラスワン

M 110とM 0

明るい銀河にはメシエ番号がついている。フランスのメシエが18世紀に著したカタログ記載の天体で、そこには銀河だけでなく、星雲・星団も含まれている。アンドロメダ銀河はM 31。その伴銀河はM 32（図表7-5の下）とM 110（図表7-5の上）。しかしメシエ番号として正式に発行されたものはM 109までで、NGC 205という銀河に与えられたM 110は非公認番号。ここまでくると、天の川銀河にもM 0というメシエ番号を、と言い出した人がいるらしい。この名称は広がりを見せていないが、Milky Wayの略称MWは広く使われている。結果としてMから始まる記号になっている。

プラスワン

NGC/IC 番号

メシエ番号がつくほどではないが、比較的明るく見える銀河にはNGCあるいはIC番号がついている（☞p.71プラスワン）。

プラスワン

天の川銀河は、棒つき？

アンドロメダ銀河と、天の川銀河は、双子のように同じような渦巻銀河だと説明される場合も多いが、最近の赤外線の観測から、そうではないことが判ってきた。天の川銀河のバルジと呼ばれる中心付近（膨らんだ部分）の、赤外線観測から、バルジは細長い形をしていることが推定されている。これは、棒渦巻銀河の特徴である。広い意味で渦巻銀河であるという認識に変わりないが、棒渦巻銀河であるという新しい認識へと変わっている。

7章

銀河の世界

プラスワン

銀河の形態を表す記号

記号にはいくつかの流派がある。渦巻銀河であることを示す記号はS。その後に続けて棒構造を示す記号としてBを添えるのは一般的。BではなくAという記号は、棒構造をもたないという意味で使う以外に、銀河円盤内にガスが少ないことを意味する「貧血」の銀河として使う場合がある。棒構造が見えるが強くないものは、AとBの中間ということでABという記号で示すことがあるが、Xの一文字で示すこともある。この場合、SABcとSXcは同じ形態を表現しており、弱い棒構造が見える、かなりバルジが小さい渦巻銀河という意味である。

● **エドウィン・パウエル・ハッブル**
（1889 ～ 1953）

アメリカの天文学者。銀河の中のセファイド型変光星の観測研究により、銀河の距離決定を行い、分光観測結果の赤方偏移（ドップラー効果）と合わせて、↗

② 銀河形態のハッブルの分類

　エドウィン・パウエル・ハッブルは、銀河の形態を図表7-8のようにまとめた。左側に球形状の形態のもの、右側に円盤状の形態のものを配置している。円盤構造中央部のバルジが球形的か棒状的かで、棒構造なしの渦巻銀河か棒渦巻銀河かの2系列に分かれる。棒構造があってもなくても、バルジより円盤構造が優勢になるほど図の右側に配置される。レンズ状銀河は、円盤構造をもつがバルジがよく発達しており、円盤上に渦巻構造が見えないものを指している。なお、渦巻銀河など円盤部をもつ銀河は、ハローと呼ばれる球形状領域ももっている。

　楕円銀河には楕円を意味する Elliptical から E という記号があてられ、長軸－短軸比によって、見かけが真円の0から最も扁平な7までの数値が添えられる。渦巻銀河には渦巻を意味する Spiral から S という記号があてられ、バルジが棒状であれば棒構造があると意味する Barred から B という記号が加わる。それに対して棒構造をもたないものに、A という記号を加える場合もある。図7-8では、この流儀に従い、さらにバルジ－円盤部の優劣を見て、そこへ小文字のアルファベットを添えた。もともとはaからcまでをあてていたが、その後の研究で、dやm（不規則形状的）という添え字が使われる場合もある。レンズ状銀河はS0（エス・ゼロ）という記号があてられる。ここでもバルジが棒状になっていれば、Sの後ろにBという文字が加わる。天の川銀河はSAbとSBbの中間的形態（SABb）ではないかと考えられている（☞ p.97 プラスワン 天の川銀河は、棒つき？）。図表7-8に示したような、整った形態でない、崩れた形態のものは不規則のを意味する Irregular から I（あるいは Irr）という記号をあてることがある。

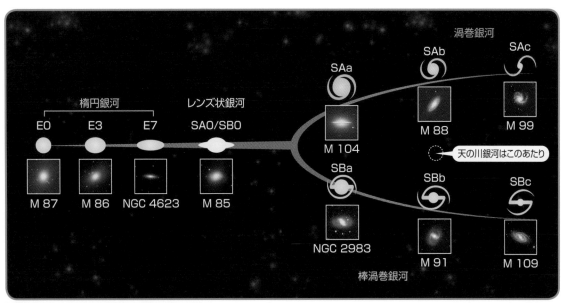

図表 7-8　ハッブルの音叉型分類（写真は DSS より）

③ 活動銀河

　銀河中心核部分が異様に明るい銀河が存在する。何か特別な活動によるものと考えられており、これらを**活動銀河核（AGN）**と呼ぶ。また、活動銀河核をもつ銀河を含め、銀河で激しい星形成があるなど、注目すべき活動が見えるものを、**活動銀河**と称する。

　活動銀河核では、非常に狭い領域で活発な星形成が起こっているか、モンスターと呼ばれる**超巨大ブラックホール**を宿す系があるのだろうと考えられている（図表7-9）。超巨大ブラックホールは天の川銀河の中心核にも存在し、この研究に、2020年のノーベル物理学賞が与えられた。

　超巨大ブラックホールは、すぐ近くの星や星雲を引き寄せ、粉砕し、その材料から、超高速で回転する降着円盤と呼ばれる円盤を形成することがある。降着円盤からは、強い電磁波放射、強いジェット流が発生する。ある程度大きな銀河では、降着円盤を伴った系が中心核にあると考えられる。降着円盤は、時にやせ細り、結果として活動性が低下するようである。超巨大ブラックホールがどのようにして生まれたのか、謎が多い。大質量星が死んで恒星質量程度のブラックホールができることや銀河中心部に超巨大ブラックホールがあることはわかっている。問題は、どうやって恒星質量程度のブラックホールから超巨大ブラックホールに成長したかである。

　これらの活動性が桁違いに強いものは、銀河の形成期に見られ、**クェーサー**と呼ばれている。おそらく、超巨大ブラックホールの急成長中の姿の１つではないかと思われる。活動性はクェーサーよりはるかに低いが類似の活動銀河核をもつ**セイファート銀河**は、天の川銀河の近傍の銀河でもよく見られる。

遠方の銀河が距離に比例する後退速度で遠ざかっており（ハッブル‐ルメートルの法則）、宇宙が膨張していることを発見した。また、銀河の分類（ハッブル分類）でも知られている。

▶ **クェーサー** ☞用語集

▶ **セイファート銀河**
　　☞用語集

7章

銀河の世界

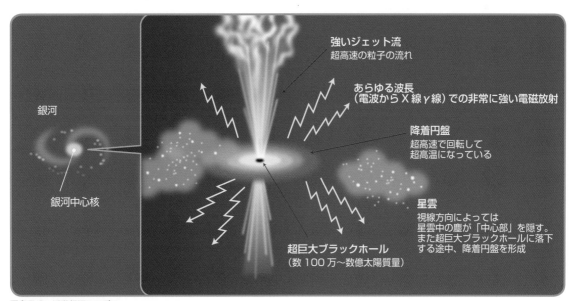

図表 7-9　活動銀河のモデル

強いジェット流
超高速の粒子の流れ

あらゆる波長
（電波からX線γ線）での非常に強い電磁放射

降着円盤
超高速で回転して
超高温になっている

銀河

銀河中心核

星雲
視線方向によっては
星雲中の塵が「中心部」を隠す。
また超巨大ブラックホールに落下
する途中、降着円盤を形成

超巨大ブラックホール
（数100万～数億太陽質量）

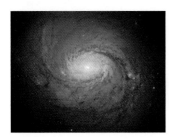

図表 7-10　セイファート銀河の代表例、NGC1068（M 77）。この光学写真（可視光で撮った写真）では、ごく普通の渦巻銀河に見えるが、中心核に、電波、遠赤外線、X線で強く輝くモンスター（超巨大ブラックホール（超大質量ブラックホール）と降着円盤からなる系）が潜んでいる。光学写真といえども分光観測を行えば、強い輝線が見えるなど、モンスターの兆候をつかむことができる。輝線は本来、特定の波長のみで光るはずだが、輝線を放つ領域が、内部で種々の速度をもち、しかも、その速度が非常に高速であると、輝線は広がって観測される。狭い領域で高速回転する天体を示唆しており、銀河中心に潜む巨大ブラックホールがあると考える根拠となる。
©NASA, ESA & A. van der Hoevens

2節 銀河群と銀河団

ポイント 銀河は宇宙の中にまんべんなく分布しているのではなく、群れている。規模の小さいものは銀河群、規模の大きいものは銀河団と呼ばれている。さらに、銀河群や銀河団は互いに群れていることもわかっている。それは、超銀河団という系として知られている。宇宙は、このような群れのネットワークで覆われている。

▶ **局部銀河群**

天の川銀河（MW）、アンドロメダ銀河（M 31）、さんかく座の渦巻銀河（M 33）を含む、数十の銀河の群れ。広がりはさしわたし 400 万光年くらいだが、境界ははっきりしたものではない。最初に紹介した 3 銀河は大型の渦巻銀河だが、それ以外はすべて矮小銀河である。なお、このうち最大の大マゼラン雲は、矮小銀河と呼ぶには大きな銀河である。宇宙には、いかに矮小銀河が多いかわかるだろう。これら矮小銀河には、矮小不規則銀河と矮小楕円銀河がある。局部銀河群には、大型の楕円銀河が見当たらない。それらは、もっと大規模な群れである銀河団中によく見られる。

▶ **矮小銀河**

図表 7-12 は、局部銀河群に多数存在する矮小銀河の例である。局部銀河群のメンバーは宇宙の中では近傍にあるため、大マゼラン雲や小マゼラン雲のように、見かけ上、大きな天体として見えているものがある。

1 局部銀河群

銀河は群がっている。天の川銀河は、**局部銀河群**という銀河の群れの中にいる。メンバー銀河を写真で紹介しよう（図表 7-11、7-12）。

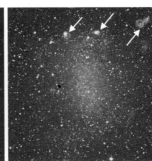

図表 7-11（左） さんかく座の渦巻銀河、M 33（DSS）。アンドロメダ銀河、天の川銀河に次ぐ、大きな銀河。局部銀河群には、大型銀河が 3 つしかない。

図表 7-12（右） いて座の矮小不規則銀河、NGC 6822（DSS）。銀河そのものが大変小さく淡く、銀河の中の星形成領域である星雲（矢印）の方が目立っている。局部銀河群には、このような矮小銀河がたくさんある。

2 銀河群と銀河団

局部銀河群の外側に、よその**銀河群**がたくさんある（図表 7-13、7-14）。

もっと多数の銀河が寄り集まったものは**銀河団**と呼ばれる。一番近傍にある銀河団は、**おとめ座銀河団**である（図表 7-15）。銀河群、銀河団では、大型銀河よりも矮小銀河がメンバーとして多数を占めている。もっともこれら

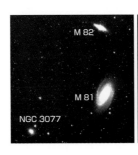
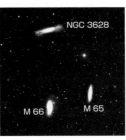

図表 7-13（左） おおぐま座にある、M 81、M 82 を中心とした銀河群（DSS-wide）。

図表 7-14（右） しし座にある、M 65、M 66 を中心とした銀河群。銀河どうしの力学的相互作用で形態が乱され、不規則形状気味になっていることがわかる（DSS-wide）。

は写真にうつりにくく、図表7-13、14、15では大型銀河が目立っている。

図表 7-15 おとめ座の北の端、かみのけ座との境界近くの銀河の群れ、おとめ座銀河団。© 東京大学天文学教育研究センター木曽観測所

③ 超銀河団と宇宙の大規模構造

銀河群や銀河団も、群れあっている。これらは**超銀河団**という構造をつくり上げている。超銀河団の尺度まで大きく見ていくと、超銀河団どうしはもう群れてはいないが、互いに神経繊維状につながりあって分布しているように見える。図表7-16は、そのような様子を示したものである。このような超銀河団や銀河団・銀河群による、網の目構造的な銀河の空間分布を、**宇宙の大規模構造**と呼んでいる。

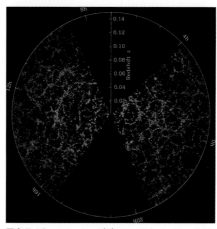

図表 7-16 スローン・デジタル・スカイ・サーベイによる、宇宙の大規模構造を示す銀河分布図。点1つが銀河1つ。扇の要のところに天の川銀河がある。円周には、赤経の値が、時（h）単位で記されている。半径方向は天の川銀河（円の中央）からの距離を表していて、円周のところで約20億光年になる。©Sloan Digital Sky Survey

銀河団と超銀河団

おとめ座銀河団は、M 87といった、局部銀河群では見当たらない大型の楕円銀河・レンズ状銀河を多数含み、矮小銀河まで数え上げるとメンバー銀河数は数千あるとみられている。おとめ座銀河団の中心までの距離は約6000万光年、そのさしわたしは約1000万光年と見積もられている。おとめ座銀河団を中心とし、局部銀河群を含めていくつかの銀河群を携え、全体として半径6000万光年、厚み1000万光年の扁平な構造体は、局部超銀河団（あるいは、おとめ座超銀河団）と呼ばれている。ところでおとめ座銀河団は、銀河団としてはこれでも小規模なものとされている。近傍にある大規模銀河団の典型は、かみのけ座銀河団である。その中心までの距離は約3億光年、そのさしわたしは約2000万光年と見積もられている。かみのけ座銀河団にも、大型の楕円銀河・レンズ状銀河が多数ある。

7章 銀河の世界

	1位	2位	3位	4位	5位	6位	7位	8位	9位	10位
銀河の名前	アンドロメダ銀河	天の川銀河	M 33	大マゼラン雲	小マゼラン雲	NGC 205	M 32	NGC 3109	IC 10	NGC 6822
距離（万光年）	230	−	280	16	20	270	250	430	220	160
Bバンド光度	670	320	60	20	6	5	4	3	3	2
直径（万光年）	12	10	5	3	2	1.5	0.7	2	0.9	0.9

図表 7-17 局部銀河群にある明るい銀河ベストテン。光度はBバンド（青色の波長帯域）でみて太陽光度の何倍かという値であり、その値を数倍すると、銀河に含まれる星の総質量（太陽質量単位）にだいたい相当する（銀河のスペクトルによって、この係数は変わる）。さらに、その値を数倍すると、銀河に含まれる星の総個数にだいたい相当する。距離や特に直径については不確かさが大きい（出典：『活きている銀河たち』、一部改変）。

種別	構成銀河数	さしわたし	代表例
銀河群	数個〜数十個（明るい銀河に限ると数個以内）	100万〜数百万光年	局部銀河群、M 81銀河群、M 66銀河群
銀河団	数百〜数千個（明るい銀河に限ると数十〜数百個）	約1000万光年	おとめ座銀河団、かみのけ座銀河団
超銀河団	複数の銀河群、銀河団を含む	約1億光午	局部超銀河団（おとめ座銀河団を中心に局部銀河群を含む）、かみのけ座超銀河団（かみのけ座銀河団を中心に）

図表 7-18 典型的な銀河群、銀河団、超銀河団のサイズ。構成銀河数は、矮小銀河も含めたおよその数。

7章 3節 宇宙の膨張

> **ポイント** 宇宙が膨張しているということはよく聞かれる。どのような観測事実からそういえるのだろうか。またこの膨張は一定なのだろうか。ここではハッブル - ルメートルの法則と、宇宙の加速膨張を扱う。

ドップラー効果と後退速度

光は波動の性質をもっている。発せられた場所と受け取った場所の間に相対運動がある場合、発した時と受け取った時で、光の波長が違ってくる。これを光のドップラー効果と呼ぶ。銀河から発せられた光は、本来の波長とずれて観測される。一般には波長が伸びて観測される。これをドップラー効果によるものと解釈すれば、観測者から見て銀河は視線方向の運動をもっていると見える。その速度を後退速度と呼ぶ。もっとも、日常的空間で見るような、物の爆発的飛び散りと、宇宙空間の膨張はまったく違う物理現象である。宇宙空間の膨張に乗る天体どうしが、互いに相対速度をもっているとなぞらえて考えているのである。

1 ハッブル - ルメートルの法則

銀河は、そのほとんどが天の川銀河から遠ざかるように見えている。天の川銀河からの距離を r とし、遠ざかるように見えるその速度（後退速度）を v とすると、v と r は比例の関係 $v = Hr$ にあることが知られている。これは**ハッブル - ルメートルの法則**と呼ばれている（☞図表7-19）。観測結果を用いてこれを最初に示したのは、ジョルジュ・ルメートルと銀河形態の研究で活

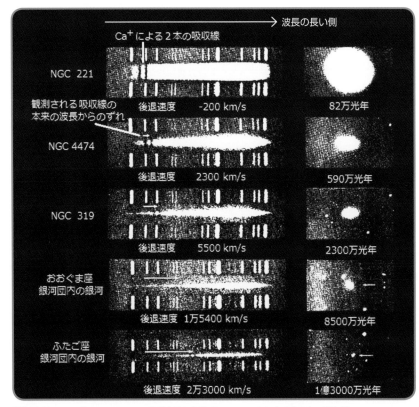

図表 7-19 ハッブル - ルメートルの法則を示した図（ヒューマソンによるものを一部改変）。

躍したエドウィン・パウエル・ハッブルである。長らくハッブルの法則と称されてきたが、フランスの宇宙論研究者ルメートルの功績も大きいと再評価され、2018年の国際天文学連合（IAU）総会での議論を経て、ハッブル-ルメートルの法則と呼ぼうと推奨されることになった。

　図表7-19の右列は銀河の撮像写真で、見かけの明るさや大きさから、距離が見積もられている。図の中央列には銀河のスペクトル写真が示され、ここに2本の吸収線がはっきり見える。これは一階電離したカルシウムがつくる吸収線である。この2本の吸収線が本来の波長と違った波長で観測され、それをドップラー効果によるものと解釈すれば後退速度が計算できる。銀河のスペクトルの上下にある縞模様は写真上の位置と波長の関係を決めるために焼き込んだ、比較のためのスペクトル線である。

　ハッブル-ルメートルの法則の式の比例係数 H は、ハッブルの頭文字からとられていて、**ハッブル定数**と呼ばれる。この値は最近の研究から、100万パーセク離れあった時の後退速度が約70 km/sになると見積もられている。ハッブル-ルメートルの法則は、宇宙空間の膨張として解釈されている（図表7-21）。

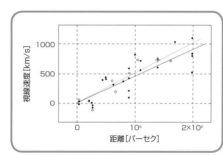

図表7-20　ハッブル-ルメートルの法則（$v = Hr$）を表すグラフ。図表7-19にある、銀河までの距離と、その銀河の後退速度をグラフにしたもの。原点を通る比例の直線で表せる。この直線の関係こそハッブル-ルメートルの法則である。

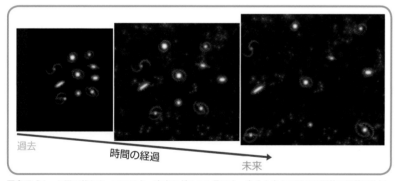

過去　　時間の経過　　未来

図表 7-21　お互い離れあっていると、宇宙のどこから見ても、自分を中心に周りの天体が距離に比例して遠ざかることが観測できる（☞ p.103 プラスワン）。

2 宇宙の膨張の時間変化

　宇宙空間の膨張は時間変化すると考えられている。空間の中が真空でなく、物質やエネルギーがあれば、その分布の様子によって空間の曲がり方や広がり方も決められてくるという性質がある。宇宙空間は銀河などの天体に満ちているから、物質がたくさんある。それらは重力で引き合うだろう。だから宇宙空間は膨張しているとしても、減速がかかると考えられてきた。実際、宇宙の歴史の中で、膨張が減速した時期があったようである。しかし最近の観測によると、現在、宇宙の膨張は減速から転じて加速しているようである。

プラスワン

我々は宇宙の中心？

ハッブル-ルメートルの法則を、「我々が宇宙の中心にいて、周囲にある銀河が四方八方に飛び去るように運動している」と解釈することは可能だ。しかし、これでは天動説的宇宙観になってしまう。宇宙空間全体が均等的に膨張し、どこにいても観測者中心に周囲の銀河が飛び去っていくように見えると考えれば、我々は特別な場所にいないという、コペルニクス的転回を経た宇宙観を持ち続けることができる。

▶ **パーセク** ☞ 用語集

▶ **宇宙の加速膨張**

近傍から遠方までの多数の銀河の後退速度を測定し、銀河の存在数や宇宙空間の曲がり具合を考慮して解釈した結果、時間とともに、どのように膨張の度合い（ハッブル定数）が変化してきたかを表せる。下図は、宇宙が減速膨張から加速膨張に転じたことを、誇張して示したもの。ビッグバンから宇宙（時間と空間）が始まる。この曲線の各場所での傾きが、その時点でのハッブル定数である。

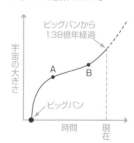

A：宇宙空間に存在する銀河などの物質どうしの重力によって、膨張に減速がかかっていた。
B：現在から50億年くらい前から膨張が加速してきた。原因は不明だが、正体不明のダークエネルギーが関与しているのではないかという説がある。

4節 宇宙の進化

ポイント 宇宙はある時に始まり、劇的に姿を変えて今に至っている。その過程で我々は生まれた。それらを概観しよう。ここではビッグバンの後、最初に光り出した天体は何か、そして個々の天体に加え、天体の群れの成長について扱う。

▶ **ゆらぎ** ☞ 用語集

▶ **インフレーション** ☞ 用語集

▶ **宇宙の晴れ上がり**
ビッグバン後、多数の粒子が生成されたなか、正の電荷をもった水素やヘリウムの原子核と、負の電荷をもった電子が飛び回っていた。電磁波である光は、高密度の荷電粒子ガスの中では、粒子に吸収と再放出を繰り返し、平衡な状態であった。宇宙の膨張が進み、温度が低下すると、正と負の電荷が対になり、電気的に中性の水素原子やヘリウム原子となった。荷電粒子の高密度ガスが消え、光は長距離を直進できるようになった。急に霧が晴れ、遠方まで見通せるようになったかのようなこの現象を、宇宙の晴れ上がりと呼ぶ。

▶ **ダークマター（暗黒物質）**
通常物質に対して重力を及ぼすが、直接は電磁波を発しない正体不明の物質。宇宙全体の中で、質量として通常物質の5倍程度あるとされる。ダークマター自身を含め、物質を重力で引きとめ、天体形成に大きな作用をする（☞ 1章1節傍注）。

1 宇宙の始まり

　宇宙の始まりについては、何らかの確率的なゆらぎから、偶然的に時間・空間をもつものとして発生したと考えられている（☞ 1章1節）。さらに、それが何らかの原因で、指数関数的な急膨張を起こしたと推察される。これは、**インフレーション**と呼ばれる現象で、宇宙が始まってから極めてわずかの時間の間に起こったとされる。その結果、生まれたての宇宙は、高温・高密度の火の玉状態へと姿を移したと考えられている。この原始的火の玉がさらに膨脹していき、現在の宇宙になったと考えられている。この宇宙開闢時の過程を**ビックバン**と呼んでいる。ビッグバンの後、様々な粒子が誕生し、膨張の中、3分後までに水素とヘリウムの原子核を生み出したとみられ、これが宇宙に大量の水素とヘリウムがある原因と考えられている。より重い原子核は、星の輝きの中で、宇宙の生い立ちとともにじっくり合成されていく。やがて原子核と電子は結合し、電気的に中性の原子となった。光は中性の原子にじゃまされず長距離を直進できるようになったので、まるで霧が晴れ、見通しがよくなったかのようになった。これが**宇宙の晴れ上がり**という現象を生むことにもなった。宇宙が始まって、およそ38万年後のことである。

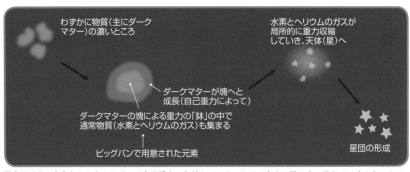

図表 7-22　水素とヘリウムのガスが自己重力で収縮していき、やがて宇宙は星の光で満ちていくようになる。

② 初代の星

　宇宙は最初、ダークマターも水素も物質はほぼ均等に分布していた。しかし、ごくわずかにその分布に濃淡があった。物質は重力で引き合うため、わずかに濃いところはさらに濃くなっていく。局所的に高密度となった物質の塊はいずれ星となる。ビッグバンから約38万年経った宇宙の晴れ上がりの後、数億年ぐらいして初代の星が輝くまでは、**宇宙の暗黒時代**とも呼ばれている。暗黒という語を使っているが、星や銀河の誕生を準備している時期ともいえる。宇宙の暗黒時代は水素が電離せず、原子核は電子と結合した状態にあったとされているが、星が輝き始めると、強い紫外線がまわりの水素ガスを電離させていったとされている。**宇宙の再電離**と呼ばれる現象である。宇宙空間では、膨張により、すでに粒子の数密度がかなり低くなってきているので、原子核と電子が支配する空間となっても、宇宙の晴れ上がりの前のように、光が宇宙空間を長距離、自由に直進できなくなるということはない。なお、初代の星は、ごくわずかのリチウムとベリリウムを除けば水素とヘリウムでできた天体である。このような状態では、現在私たちが見ている星よりずっと大質量の星で、結果として、ずっと巨大でずっと高温の星だろうと推測されている。水素、ヘリウムより重い原子核の重元素を含んでいれば、それらの重元素は冷却材のように働いて星を冷えさせ、自己重力で塊を作りやすくさせるが、そういった重元素がなければ、大きな質量がつくる大きな自己重力で自分自身をまとめるしかないからである。

③ 銀河の登場と宇宙の大規模構造の形成

　宇宙では、天体の系の形成は小さなものから大きなものへと進んでいったと考えられている。初代の星形成は、矮小銀河を形作るものとなっただろう。それら矮小銀河が衝突・合体して、大型の銀河も生まれたのだと考えられている。天の川銀河も大型の銀河であり、現在もいくつかの矮小銀河を合体させようとしていることが、実際に観測されている。銀河群や銀河団、そして宇宙の大規模構造も、銀河の形成と並行して、だんだん発達してきたと考えられている。これらは宇宙の膨張の中で起こっている。天体自身は重力で引きあっているので、宇宙の膨張によって天体自身がばらばらになることはない。全く正体不明であるが、宇宙空間には**ダークエネルギー**が満ちていて、空間を加速膨張させる斥力の効果をもっていると推測されている。加速膨張がこのまま続けば、天体の群れもいずれ引き裂かれるかもしれない。

プラスワン

▶ **宇宙の再電離** ☞用語集

大型銀河の形成
小さな銀河が衝突・合体して大きな銀河になり、同時に銀河中心部で超巨大ブラックホールが成長しつつ周りの星の系の成長に影響を与え、これらが総合して、図表7-8に見られるような様々な形態のものになったのではないか、と考えられている。銀河の群れ自体も成長してきていて、その群れの中という環境も、銀河形態の決定に影響を与えたと考えられている。

▶ **ダークエネルギー**
ビッグバンによる膨張では、宇宙に存在する物質の重力によって、宇宙の膨張速度は少しずつ減少する（減速膨張と呼ばれる）。ところが、銀河の後退速度の非常に精密な測定によって、50億年ほど前からは宇宙の膨張速度が増加していることが判明した（加速膨張と呼ぶ）。この原因は不明であるが、膨張速度を加速するためには、重力とは反対の性質をもった何かが必要で、その何かに対して、ダークエネルギーという名前が付けられた。宇宙初期のインフレーションもダークエネルギーあるいは関連するものが働いたと考えることもできるが、この点もまだまだ謎である。

図表 7-23　銀河が形成される

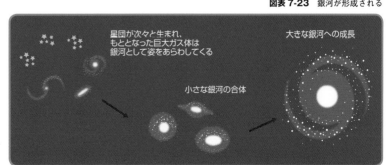

星団が次々と生まれ、もととなった巨大ガス体は銀河として姿をあらわしてくる

大きな銀河への成長

小さな銀河の合体

▶▶▶ 銀河の衝突

図表 7-7 は銀河の衝突の現場の例である。実は銀河はよく衝突する。一方、星の衝突はめったに起こらない。この違いは、天体間の距離と天体自身の大きさとの比による。星どうしはとても離れており、それに比べれば星自身の大きさは非常に小さい。たとえば太陽から隣の恒星までの距離は40兆kmを超えているが、太陽の直径は140万km足らずにすぎない。まさに桁違いである。銀河の世界は事情が違っている。天の川銀河の周りを考えてみよう。同じ規模の銀河としてのお隣さんはアンドロメダ銀河で、230万光年先と見積もられている。天の川銀河の円盤部の直径10万光年と比して1桁の違いにしかならない。大マゼラン雲までの距離は16万光年と見積もられており、桁で違うこともなくなってくる。それどころか天の川銀河には、衝突・合体中の矮小銀河がいくつか見つかっている。天の川銀河は現在も周囲の矮小銀河を吸収して成長を続けているのである。そういった過程で星形成が銀河規模で誘発されることもある。

天の川銀河のような大型銀河が矮小銀河を吸収しても、大型銀河の側はたいして形が乱れない。しかし、規模の似た銀河どうしが衝突すると、互いに大きく形を歪めあう。その例が図表 7-7 である。他の例を以下に示した（写真は DSS より）。

からす座にある、NGC 4038（上側）とNGC 4039（下側）。　かみのけ座にある、NGC 4676（両者あわせて）。

ところで、銀河は星の集合体だから、銀河がよく衝突して星があまり衝突しない、というのは納得がいかないという読者もいるだろう。こう考えてみよう。生け花で使う剣山を思い出してほしい。剣山全体が銀河、針の先端部分が星と考えてみよう。剣山2つを、針の先端どうしを衝突させようとぶつけるとどうなるだろうか。よほどのことがないかぎり、針の山どうしはぶつからない。しかし剣山の針は互いの中に滑り込んでいく。銀河は衝突しても、銀河の中の星どうしは、そう簡単には衝突しないだろう。

▶ 地球誕生の時期

地球のような岩石質の天体は、水素、ヘリウム以外の、天文学でいうところの重元素の塊といえよう。となれば、このような天体は、宇宙空間に重元素が豊富に用意された後でないと出現しない。初代の星（恒星）が輝き始めた頃は、重元素がないはずである。したがって、その頃は岩石質の惑星が存在しようがない。星の生成と超新星爆発、それによる星間ガスへの重元素供給というものが、何世代も重ねられてきて、十分重元素が増えた後になって、ようやく岩石質の惑星が存在するようになる。そういった星間ガスから生まれようとする恒星のまわりの原始惑星系円盤には、水素やヘリウムを主成分とするガスはもちろんだが、塵もたくさん含まれるようになっているはずだ。塵は固体微粒子のことであり、炭素質、ケイ素質、氷質のものからできている。微量ながら金属も含まれているだろう。これらが合体成長していき、その固体成分を主としたままの天体が、岩石質の惑星である。地球は恒星ではないが、何世代もの恒星の生死を重ねた際の産物からできているのである。星が死んで地球になった、星が死んで生物になった、ともいえよう。

Question 1

ハッブル - ルメートル定数を 100 万パーセクあたり毎秒 70km として、宇宙の年齢を推定せよ。ただし簡単のために宇宙の膨張速度は一定とし、宇宙の始まりはそれを逆算して宇宙が 1 点に集まっていたときとする。また、1 年の長さは 3×10^7 秒、100 万パーセクは 3×10^{19}km とする。

1. 127 億年
2. 132 億年
3. 137 億年
4. 143 億年

Question 2

次のうち、活動銀河の説明として間違っているものを選べ。

1. 天の川銀河の中心は活発に活動しており、典型的な活動銀河といえる
2. 活動銀河の中心には活発に星が生成されている場所があるか、超巨大ブラックホールがあると考えられている
3. セイファート銀河は、活動銀河の一種である
4. クェーサーは、活動銀河の一種である

Question 3

次の写真の銀河のタイプとして適当なものを選べ。

1. 楕円銀河
2. 矮小銀河
3. 棒渦巻銀河
4. 不規則銀河

Question 4

銀河として、天の川銀河と同程度の大型銀河を考えよう。さしわたしの典型的な値は、以下の中からであれば、最も適当なものはどれか。

1. 1 万光年　2. 3 万光年　3. 10 万光年　4. 30 万光年

Question 5

ハッブルの音叉型分類の図として正しいものはどれか。

1. 渦巻銀河 ── 棒渦巻銀河 ┬ 楕円銀河
　　　　　　　　　　　　└ レンズ状銀河

2. 棒渦巻銀河 ── 渦巻銀河 ┬ 楕円銀河
　　　　　　　　　　　　└ レンズ状銀河

3. レンズ状銀河 ── 楕円銀河 ┬ 渦巻銀河
　　　　　　　　　　　　└ 棒渦巻銀河

4. 楕円銀河 ── レンズ状銀河 ┬ 渦巻銀河
　　　　　　　　　　　　└ 棒渦巻銀河

Question 6

宇宙の初期に、ダークマターが果たした役割を正しく述べているのはどれか。

1. ダークマターが、ビッグバンを引き起こした
2. 何の役割も果たしていない
3. ダークマターの分布のゆらぎが、星の分布をつくるきっかけになった
4. ダークマターが宇宙を膨張させる根源となった

Question 7

局部銀河群に属するメシエ番号の付いている銀河は、次のうちどれか。

1. M31
2. M81
3. M66
4. M87

Question 8

次のうち局部銀河群のメンバーでないのはどれか。

1. 渦巻銀河 M33
2. 矮小銀河 NGC6822
3. 大マゼラン銀河
4. 楕円銀河 M87

Question 9

宇宙の晴れ上がりとは、以下の中からであれば、最も適当なものはどれか。

1. 多くの星が同時に生まれ、宇宙空間が明るくなったとき
2. 多くの超新星爆発が同時に起こったとき
3. ビッグバンの火の玉状態のとき
4. 宇宙空間に光が長距離、直進できるようになったとき

Question 10

ある銀河を観測したときの後退速度が 1000km/s だったとする。逆にその銀河から銀河系を観測したとすると後退速度はどれくらいになるか。

1. 0 km/s
2. 220 km/s
3. 500 km/s
4. 1000 km/s

Answer 1 ■■■■

④ 143 億年

この条件では 100 万パーセクを 70km で割った秒数が、宇宙の年齢（それだけの時間をかけて膨張してきた）となる。単位をそろえると、$(3 \times 10^{19}/70 \times 3 \times 10^7 = 10^{11}/70 \div 0.143 \times 10^{12}$ 年 = 143 億年となる。実際は、宇宙の膨張速度は一定ではなく、ここでは簡略的な式を使った。しかし、宇宙年齢のよい目安を与える。

Answer 2 ■■■■

① 銀河系の中心は活発に活動しており、典型的な活動銀河といえる

活動銀河は、銀河中心部分が、標準的な銀河に比べ、異様に明るい銀河のことをいう。セイファート銀河やクェーサーは、活動銀河であり、その原因は❷の通りと考えられている。銀河系の中心部も明るく、活動はしているが、標準的な活動レベルであり活動銀河とまではいえない。

Answer 3 ■■■■

❸ 棒渦巻銀河

しし座にある M 95（NGC 3351）の写真であり、バルジが棒状になっているものであり、棒渦巻銀河と呼ばれる。

Answer 4 ■■■■

❸ 10 万光年

典型的な銀河の大きさや特徴

種類	特徴	さしわたし	星の数	星を生みうる星間ガスの量
超大型銀河	銀河団中心にある楕円銀河で、超大型銀河が見られる	数十万光年	数兆個	ほとんどないと思われる
大型銀河	大別して楕円銀河か渦巻銀河	10 万光年程度	数千億個	楕円銀河にはほとんどなし、渦巻銀河には質量にして星の 1 割程度
矮小銀河	大別して矮小楕円銀河か矮小不規則銀河	数千〜数万光年程度	数百万〜数百億個	矮小楕円銀河にはほとんどなし、矮小不規則銀河には質量にして星の 5 割程度

Answer 5 ■■■■

④

ハッブルは、左側に球状の構造が卓越する銀河、右側に円盤状構造が卓越する銀河を配し、円盤状の構造をもつものについては、中心部のバルジが棒状になっているかいないかで銀河の形態を分類し、横倒しの音叉の形をした模式図で表した。現在でも形態の分類としてこの図が用いられている。しかし、E0、E1、……と楕円銀河が進化してレンズ状銀河を経て、渦巻銀河と棒渦巻銀河に分かれて進化するというハッブルの考え方は、その後の研究による否定されている。

Answer 6 ■■■■

❸ ダークマターの分布のゆらぎが、星の分布をつくるきっかけになった

ダークマターは宇宙の現在を形づくるうえで重要な役割を果たしてきている。ダークマターの分布のゆらぎが重力のゆらぎとなり、重力の強い部分にガスが集積して星や星の集団である銀河がつくられた。ただ、ビッグバンの後にダークマターは生まれたと考えられている。❶ビッグバンを引き起こしたのはインフレーションと呼ばれる宇宙の急膨張。❹現在の宇宙膨張を加速させている原因はダークエネルギー。

Answer 7 ■■■■

① M31

図表 7−18 に典型的な銀河群の例として、局部銀河群以外に M81 銀河群（おおぐま座）、M66 銀河群（しし座）が挙げられているので、M81 と M66 は局部銀河群以外とわかる。M87（おとめ座）は、おとめ座銀河団の中心にある巨大楕円銀河である（7 章 2 節のコラム：銀河団と超銀河団参照）。

Answer 8 ■■■■

④ 楕円銀河 M87

局部銀河群は 3 つの大型の銀河（天の川銀河、アンドロメダ銀河 M31、渦巻銀河 M33）のほか、大マゼラン銀河など 40 ばかりの矮小銀河からなっている。これらの中には大型の楕円銀河はない。M87 などの大型の楕円銀河は、おとめ座銀河団など大規模な銀河団の中心に見られる。

Answer 9 ■■■■

④ 宇宙空間に光が長距離、直進できるようになったとき

晴れ上がりという言葉を、急に明るくなった、急に活動的になった、と誤解してしまうと、❶❷❸を選んでしまう。

Answer 10 ■■■■

④ 1000km/s

ハッブルの法則は、

（後退速度）＝（比例定数）×（距離）

である。よって、銀河の後退速度は距離だけに依存するので、距離が同じであれば、どちらの銀河から観測しても後退速度は同じである。

8 章

天文学の歴史

天の赤道上を一様の速さで運動する仮想の太陽（平均太陽）と、実際の太陽（真太陽）の位置の差を時間に換算したものを均時差という。同じ場所で同時刻（平均太陽時）に太陽を観測すると、太陽は均時差のために 1 年間かけて 8 の字型の軌跡を描いて移動するように見える。これをアナレンマという。

暦と天文学

　古代の人々は太陽や月の周期的な変化を基に、日の出から次の日の出までを1日（太陽日）、新月から次の新月までを1月（朔望月、29.53日）、太陽が黄道上の同じ位置に戻ってくるまでを1年（太陽年、365.24日）とする時間の基本単位を定めた。

西洋の暦

メトンの暦 紀元前433年
1太陽年を12カ月とし
19太陽年間に、12カ月の年を12回、13カ月の閏年を7回置く
中国では「章法」という同様の方法が用いられていた

カリポスの暦 紀元前330年
1太陽年を12カ月とし76年間（メトン周期の4倍）に28回の閏月を置く

ヒッパルコスの暦 紀元前2世紀頃
1太陽年を12カ月とし304年間に112回の閏月を置く

ユリウス暦 BC45〜
ユリウス・カエサルによる暦（ユリウス暦用語集）
1太陽年を12カ月とし4年間に1回、閏日を設ける
また、閏月を廃止した
現行の暦の原点

グレゴリオ暦 1582年〜
グレゴリウス13世による暦
1太陽年を12カ月とし4年間に1回、閏日を設ける
ただし、100で割り切れる西暦年は平年とするが400で割り切れる年は閏年とする
現行の暦

日本の暦

7世紀　飛鳥時代 6世紀末〜
8世紀　奈良時代 710〜794年
9世紀
10世紀　平安時代 794〜1185年
11世紀
12世紀
13世紀　鎌倉時代 1185〜1333年
14世紀　室町時代 1336〜1573年
15世紀
16世紀　安土桃山時代 1573〜1603年
17世紀
18世紀
19世紀

元嘉暦（げんかれき）690年〜
儀鳳暦（ぎほうれき）691年〜
大衍暦（だいえんれき）764年
五紀暦（ごきれき）858年〜
宣明暦（せんみょうれき）862年〜

中国の暦をそのまま使用

貞享改暦 貞享暦 1685年〜 初の国産の暦
安井算哲二世（やすいさんてつにせい）（後の渋川春海（しぶかわはるみ））1639〜1715 初代天文方
協力
土御門泰福（つちみかどやすとみ）1655〜1717 朝廷陰陽頭

宝暦改暦 宝暦暦 1755年〜 天文方 質的に改悪
西川正休（にしかわまさよし）1693〜1756 天文方
対立
土御門泰邦（つちみかどやすくに）1711〜1784 朝廷陰陽
徳川吉宗に京都へ派遣されるが吉宗没後、泰邦に追放される

麻田剛立（あさだごうりゅう）1734〜1799 天文学者

寛政改暦 寛政暦 1798年〜 西洋天文学を取り入れる
弟子　弟子
高橋至時（たかはしよしとき）1764〜1804 天文方
間重富（はざましげとみ）1756〜1816 改暦御用

天保改暦 天保暦 1844年〜
次男 渋川家の養子となる　長男
渋川景佑（しぶかわかげすけ）1787〜1856 天文方
高橋景保（たかはしかげやす）1785〜1829 天文方

江戸時代 1603〜1868年

明治時代 1868〜1912年
グレゴリオ暦 1873年〜 太陽暦

暦制定の主権

朝廷 陰陽頭

江戸幕府 天文方

明治政府

天文学と安倍晴明

日本では7世紀に、律令制の下に設立された陰陽寮において、暦の作成や時刻の測定、吉凶や禍福の占い、天文・気象の観測などが行われてきた。陰陽寮の陰陽師として最も有名な人物が安倍晴明（921～1005）である。晴明は、陰陽頭賀茂忠行、保憲親子から陰陽道や天文道（天変占星術）を伝授され、後に陰陽寮の天文博士を務めた。村上、冷泉、円融、花山、一条と、歴代の天皇につかえ、天文現象に関する解釈を密封して天皇に奏上する天文密奏や陰陽道に基づく呪術などで活躍したことが歴史書や説話集に残されている。晴明はまた、数多くの伝説に彩られた謎の人物でもあり、日本各地に様々な伝承が残されている。後に安倍家は晴明の子孫、有宣の代から土御門を名乗るようになり、陰陽寮が廃止される明治初頭まで陰陽道の宗家として君臨した。

晴明神社は安倍晴明の屋敷の跡地とされる京都一条堀川にある。小説や漫画、映画などの陰陽師ブームもあり、現在の晴明神社は幅広い年齢層の人たちが訪れる人気のパワースポットとなっている。最近では、晴明神社の赤い五芒星のお守りを貼り付けた自動車を見かけることも多くなった。

復元渾天儀（天体の位置測定に用い、暦の計算に用いられた）での観測再現

平安後期の歴史物語『大鏡』には、花山天皇が藤原兼家、道兼親子の策謀によって、花山の麓の元慶寺（花山寺）で出家させられる、という高等学校の古文の授業でも扱われる有名な話がある。道兼に促されて退位を決意した天皇は月夜の晩に御所を出発し、元慶寺へと向かった。途中、天皇一行が晴明の屋敷の前を通りかかると、「みかどおりさせ給ふとみゆる天變ありつるかすてになりけりと見ゆるかな」（天皇の退位を示すと占われる天変があったが、もうすでに退位が実現してしまったと見えるぞ）と話す晴明の声が聞こえてきた。晴明は天皇の退位を示す天文現象が現れたことを内裏へ報告しようとしたが、天皇はすでに退位してしまった後で間に合わなかった、というのである。晴明が観測した天文現象としては、犯と呼ばれる歳星（木星）と氐宿の距星（てんびん座α星）との接近や昴（M45プレアデス星団）が月に隠されるすばる食といった説がある。また、花山天皇の退位後、晴明が官位を上げていることから、彼も兼家らの策謀に何らかの形で関わっていたのではないかと疑う研究者もいる。なお、晴明の屋敷の跡地に建てられた晴明神社は現在の御所より西側にあるが、当時の御所より東側に位置している。現在、花山山の山頂には京都大学の花山天文台がある。

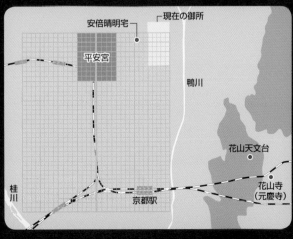

安倍晴明宅　　現在の御所

平安宮

鴨川

花山天文台

桂川　　京都駅　　花山寺（元慶寺）

8章

1節 天文学と物理学の競演

ポイント プトレマイオスが天動説を集大成して以降、古代・中世の天文学は幾何学とともに歩んできたが、17世紀に地動説が確立されてからは、天体の運動を研究する天体力学として発展した。19世紀半ばに入り、写真術と分光学を取り入れた天文学は、天体の物理的な状態を研究する天体物理学へと大きく変身を遂げた。

▶地動説の確証

地球の公転運動によって、すべての恒星は長半径 a = 約 20″ の楕円軌道を描く。これを年周光行差という。年周光行差は 1728 年にジェームズ・ブラッドリーとサミュエル・モリノーによって発見された。この発見によって、コペルニクスの『天球回転論』(1543 年) が発表されてから、おおよそ 180 年の時を経て、地球が運動するという地動説が実証されることになった。

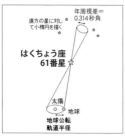

年周視差＝ 0.314 秒角

遠方の星に対して小楕円を描く

はくちょう座 61 番星 ☆

太陽 地球

地球公転軌道半径

フリードリッヒ・ヴィルヘルム・ベッセルは 1838 年にはくちょう座 61 番星の位置を測定し、見かけの位置が約 0.3″ 変化する年周視差を検出した。これは地球が太陽の周りを公転していることを示す直接の証拠であり、年周光行差と同様、太陽中心説の確証となった。

1 天体力学の発展

アイザック・ニュートン (1642 ～ 1727) は 1665 年～ 1667 年に円運動の研究に取り組み、遠心力とケプラーの第 3 法則とを組み合わせて、地球と月の間に距離の 2 乗に反比例する力 (万有引力) が作用することを導いた。その後、1680 年頃から再び力学の研究に取り組み、万有引力によってケプラーの第 1、2 法則が成り立つことを証明した。1687 年に出版された『プリンキピア』は、力学的運動学を確立する金字塔となった。

万有引力は離れた物体の間に働く遠隔作用を前提としていたため、ヨーロッパ大陸諸国の数学者たちは法則に対して懐疑的であった。しかし、18 世紀中頃になると大陸諸国でも万有引力の法則は理解され、ジョゼフ＝ルイ・ラグランジュやピエール＝シモン・ラプラスといったフランスの天文学者や数学者によって、ニュートン力学に基づく天体力学が形成されることになった。

2 小惑星ケレスの発見

太陽 − 地球間の距離を 10 としたとき、惑星の距離は $r = 4 + 3 \times 2^n$ (水星は $n = -\infty$、金星は $n = 0$、地球以遠の惑星は $n = 1,2,3\cdots$) で表される。これをティティウス・ボーデの法則という。この式に従うと、火星は $n = 2$、木星は $n = 4$ となるため、$n = 3$ に相当する未知の惑星が存在するのではないか、と考えられるようになった。

探索の結果、1801 年 1 月 1 日にイタリアのパレルモ天文台のジュゼッペ・ピアッツィが小惑星ケレス (現在は準惑星に分類) を発見した。以降、パラス、ジュノー、ベスタの四大小惑星をはじめ、続々と小惑星が発見され、特に 20 世紀の小惑星探索はアマチュア天文家の独壇場であった。

3 海王星の発見

1781 年、ウィリアム・ハーシェルは天王星を発見した (☞ 3 級テキスト 7 章 4 節)。その 40 年後、蓄積された観測データを基に推算された天王星の位

置と、実際に観測される位置との間にはずれが生じるようになっていた。この原因は天王星の軌道の外側にある未知の惑星の引力によって、天王星の軌道が乱されるためである、と考えたユルバン・ルヴェリエは、未知の惑星の軌道要素を求め、1846年9月18日に予報位置をベルリン天文台に報告した。同天文台のヨハン・ゴットフリート・ガレは9月23日に予報位置の1°以内に海王星を発見した。また、ジョン・クーチ・アダムスは1845年に、ルヴェリエとは独立に未知の惑星の軌道要素を求めていたことから先取権論争が生じたが、最終的に二人で発見の栄誉を分かち合うことになった。理論的予測に基づく海王星の発見は、ニュートン力学の勝利を示す決定的出来事となった。

④ 写真の発明と分光学の応用

19世紀前半、ジョセフ・ニセフォール・ニエプス、ルイ・ジャック・マンデ・ダゲールらによって銀板写真術が完成されると、それは直ちに天文学にも応用された。光を蓄積できる写真術は、望遠鏡を用いた眼視で観測できる天体よりもさらに暗い天体の観測をも可能にした。また、恒星の位置測定においても、望遠鏡の眼視観測とは比較にならないほどの精度の向上をもたらした。

19世紀後半に入ると、プリズムを用いて物質が放射、または吸収する光のスペクトルを解析する分光学が発達した。ヨゼフ・フォン・フラウンホーファーは太陽のスペクトルを観測し、その中に吸収線（フラウンホーファー線）を発見した（☞4章3節）。分光学と写真術を組み合わせることで、それまで不可能とされてきた天体の構成元素や温度などの情報を得ることが可能となり、天体の物理的な性質を研究する天体物理学が誕生した。

⑤ 膨張宇宙の発見

20世紀に入ると大型望遠鏡が建設され、天文学者は遠くの銀河に目を向けるようになった。エドウィン・パウエル・ハッブルは100インチ反射望遠鏡を用いて、アンドロメダ銀河（M 31）中のセファイド型変光星を観測し、その距離が約100万光年（現在の値は230万光年）であることを確認した。これにより、宇宙には数多くの系外銀河が存在していることが明らかになった。さらにハッブルは、系外銀河のスペクトル中の吸収線が、系外銀河の運動によるドップラー効果（☞7章3節）のために本来の波長からずれていると考え、ずれの大きさから遠方の系外銀河ほど高速度で我々から遠ざかっていることを発見した（ハッブル‐ルメートルの法則）。これは膨張宇宙論の観測的根拠となった。

▶ **宇宙元素？**
天体の分光観測ができるようになると、スペクトル中に、地上の物質が発する輝線とは異なる特徴をもつものが見つかるようになった。そして、太陽コロナ中に見つかった輝線を発する物質にはコロニウム、星雲中に見つかった輝線を発する物質にはネビュリウム、というように輝線を発するものにちなむ名称が付けられた。1928年、アイラ・ボーエンは、これらは酸素や窒素のイオンが希薄なガスの状態で発する輝線であることを確認した。

オリオン星雲©NASA,ESA,M. Robberto（Space Telescope Science Institute/ESA）and the Hubble Space Telescope Orion Treasury Team

▶ **セファイド型変光星**
セファイド型変光星は、星自体の大きさが周期的に変化する脈動変光星の1つであり、ケフェウス座δ星がその代表である。変光周期が長い星ほど、絶対等級が明るいという周期‐光度関係が知られており、見かけの等級と周期からその変光星の距離を推定することができる。

8章

天文学の歴史

❷節 天文博士と考古天文学

> **ポイント** 陰陽寮で行なわれてきた「天文道」では、天空に現れた異変を記録し、異変の意味を解釈して、天皇に奏上することが重要な仕事であった。そのため、日本の正史や貴族の日記の中には、日食や月食、超新星などの現象が記録されている。それらの記録から過去の宇宙の情報を引き出して研究する考古天文学が発展してきた。

▶ **古代のハレー彗星**

『史記』秦始皇本紀には「七年、彗星先出＿東方＿、見＿北方＿、五月見＿西方＿」と記されている。この記述は軌道計算からBC240年5月のハレー彗星の観測記録であることが確かめられている。

ハレー彗星 1986年3月9日

▶ **天の岩戸伝説**

素戔嗚尊の乱行を恐れた天照大神が洞窟に隠れ、高天原は暗闇に包まれたという天の岩戸伝説は実際に起こった皆既日食を基につくられたものである、という説がある。最初にこの説を唱えたのは江戸時代の儒学者 荻生徂徠である。高天原の場所や、天照大神が隠れた年代をいつと考えるのかによって候補となる皆既日食が絞られる。谷川清隆、相馬充は、「『天の磐戸』日食候補について」『国立天文台報』第13巻（2010年）において、伝説の候補として、53年3月9日と158年7月13日の皆既日食を挙げている。

❶ 天文博士の仕事

朝廷には律令制のもと、天文道、陰陽道、暦道などを司る陰陽寮が設置され、陰陽頭を中心に天文博士、陰陽博士、暦博士、漏刻博士によって業務が遂行された。そのうち、天文博士は天空に現れた異変を観測し、過去の観測記録と照らし合わせて異変の意味を解釈し、その結果を天皇に奏上する天文密奏を行った。天文博士の観測した天文現象の記録は歴史書にも記載された。また、陰陽師から聞いた過去の天文現象の記録を、毎年配布される具注暦の空欄を利用した日記（古記録という）に記した貴族もいた。

こうした天文現象の記録、特に日食や月食は、日時や場所が記載されていない場合でも、それを特定することが可能なことがあり、古記録を基礎にした天文年代学が確立された。以降では興味深い超新星や日食の記録について、紹介することにしよう。

❷ 超新星爆発の観察記録

藤原定家が記した漢文の日記『明月記』の寛喜二年（1230年）十一月八日の条には、過去に出現した8件の客星（彗星や超新星など）を記した陰陽寮からの

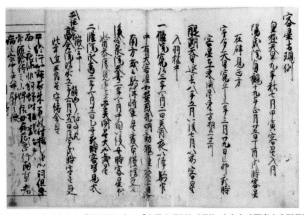

図表 8-1 藤原定家の『明月記』中の「客星出現例」（(財) 冷泉家時雨亭文庫所蔵）

書状が綴じ込まれている。その中に「後冷泉院天喜二年四月中旬以後丑時客星出觜參度見東方孛天關星大如歳星」というものがある。これは「1054年5月20日〜29日（ユリウス暦）以後に、客星が觜と參（ともにオリオン座）と同じ度（赤経）で、天関（おうし座ζ星）の近くに現れ、その明るさは歳星（木星）と同じほどであった」というかに星雲（M1）の超新星爆発について記した記録である。この超新星爆発に関する天文密奏を行ったのは安倍晴明の孫の時親か曾孫の有行であったと考えられる。そして、この記録は1934年に、アマチュア天文家射場保昭によって発掘され、米国の天文学術雑誌『ポピュラー・アストロノミー』に発表された。

　かに星雲の膨張速度の観測値から逆算した結果、超新星爆発は約1千年前に起こったと推定されている。『明月記』の古記録によれば、四月は五月の書き誤りの可能性があるとの指摘を考慮に入れても、1カ月程度の範囲で爆発が起こった日付を特定できることになり、その精度は観測値から得られた結果をはるかに凌ぐすばらしいものといえる。

③ 日食記録

　『日本紀略』後編六の天延三年の記述に、「七月一日辛未。日有レ蝕。十五分之十一。或云。皆既。卯辰刻皆虧。如レ墨色_無レ光。群鳥飛亂。衆星盡見。詔書大_赦天下_」というものがある。これは平安時代中期の975年8月10日に平安京で皆既日食が見られたという記録である。

　当時、用いられていた宣明暦では、この日に食分11/15の部分日食、または皆既日食が起こると予報されていたが、実際には皆既日食が起こったため、朝廷は大赦を出している。さらに、翌年7月には京、近江で大地震もあったため、天延から貞元へと改元された。なお、この皆既日食は日本の歴史書に記載されているものとしては最も古く、また、この文書は安倍晴明が天文博士の任に就いていたときに記されたものでもある。

　『源平盛衰記』巻三十三には、1183年11月17日の水島の戦いの最中に起こった日食のことが記されている。それは「寿永二年閏十月一日、水島にて源氏と平家と合戦を企つ…（中略）…城の中よりは、勝鼓を打つて罸り懸る程に、天俄かに曇りて日の光も見えず、闇の夜の如くになりたれば、源氏の軍兵共、日蝕とは知らず、いとど東西を失ひて、舟を退きて、いづちともなく風に随つて逃れ行く。平家の兵共はかねて知りにければ、いよいよ鬨を造り、重ねて攻め戦ふ」というもので、このときに起こったのは、食分0.93の金環日食であった。陰陽師から日食が起こることを事前に聞いていた平氏方に対して、そうした情報を得ることのできなかった源氏方（木曽義仲軍）は欠けていく太陽を恐れて混乱したため、戦いは平氏が勝利した。

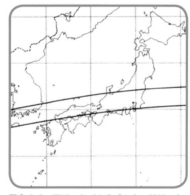

図表8-2　天延3年（出典『日本・朝鮮・中国―日食月食宝典』渡邊敏夫著・雄山閣刊行）

▶ 望遠鏡を用いた日本最初の天体観望会

記録の残る望遠鏡を用いた日本最初の民間における天体観望会は、寛政五年七月二十日（1793年8月26日）に医師 橘南谿の自宅で催されたものである。その時に用いられたのが、和泉貝塚の岩橋善兵衛が製作した長さ約2.4～2.7mの八稜筒形（八角形）望遠鏡であった。当日、集まった善兵衛を含む13人は太陽、月、金星、土星、木星、星団、天の川など、様々な天体を観察している。その時の様子は橘南谿の『望遠鏡観諸曜記』などに記されている。南谿は、木星について、「歳星之傍、有四小星、其二在右、遠者明、近者微、其一在左、接近甚難辯、其一在上、亦接近甚難辯」（木星の側には4つの小さな星（衛星）がある。そのうちの2つは木星の右側にあり、木星から遠いものは明るく、近いものはうす暗い。1つは木星の左側にあり、木星と非常に接近しているため、見分けるのが難しい。もう1つは木星の上にあり、これも木星と非常に接近しているため、見分けるのが難しい）と、木星の衛星の明るさや木星に対する位置について詳細に記している。こうした記述は、望遠鏡で初めて見る宇宙の姿に驚嘆する当時の人々の様子を生き生きと今に伝えている。

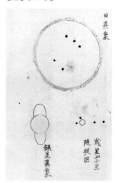

橘南谿の太陽・惑星スケッチ（国立天文台所蔵資料）

③ 日本の改暦

ポイント 古来、日本では中国の暦を用いてきた。平安時代に採用された宣明暦は800年以上にわたり使われてきたため、暦と天文現象とのずれが生じていた。そのため、渋川春海は授時暦に独自の改良を加えた貞享暦を作成し、以後、暦は日本で作られるようになった。そして、明治5年、太陰太陽暦を廃止して太陽暦が採用された。

▶ **現存する改暦観測機器の礎石**

朝廷の陰陽頭を拝命していた土御門家の屋敷跡には、天体観測に用いられた渾天儀と圭表の礎石が残されている。

円光寺に残る渾天儀の礎石

江戸時代の土御門家屋敷跡にある円光寺。その庭園の渾天儀の礎石におかれた復元渾天儀。寝殿造りの屋敷がそのままお寺の本殿に継承されている。

梅林寺に残る圭表の礎石

▶ **グレゴリオ暦** ☞用語集

▶ **旧暦** ☞用語集

① 中国暦をそのまま使った時代

古代日本の国々は中国に朝貢し、臣下の国として中国の冊封体制に入っていた。

『後漢書』「東夷伝」には、57年に倭王が後漢の光武帝から「漢委奴国王印」を授かったことが記されている。また、『三国志』「魏志倭人伝」には、邪馬台国の女王 卑弥呼が魏の皇帝から「親魏倭王」の印、銅鏡100枚などを賜ったことが記されている。そして、5世紀の倭国王武（雄略天皇）の代になると、中国との国交を断絶し、冊封体制から離脱した。その後、推古天皇15年（607年）に、「日出ずる処の天子、書を日没する処の天子に致す」で始まる国書を携えた第2次遣隋使を派遣したが、皇帝煬帝に対して冊封を求めず、日本独自の年号と暦を作成するために天体観測を開始した。しかし、天智天皇2年（663年）に白村江の戦いで唐・新羅連合軍に敗れると、遣唐使を派遣して再び冊封体制に入るようになった。なお、日本に伝えられた最初の暦は持統天皇4年（690年）の元嘉暦であり、元嘉暦以降、日本で採用された中国の暦は図表8-3の5つである。

② 貞享改暦

平安時代前期の862年に採用された宣明暦は、江戸時代までの800年以

図表8-3 日本で使用された中国暦

	日本での施行開始年	採用した中国王朝
元嘉暦	690年（持統天皇4年）	南朝宋
儀鳳暦	698年（文武天皇2年）	唐
大衍暦	764年（天平宝字8年）	唐
五紀暦	858年（天安2年）	唐
宣明暦	862年（貞観4年）	唐

上にわたり、一度も改暦されることなく施行され続けたため、暦と日・月食などの天象とのずれは2日間にも及ぶようになっていた。幕府老中の意向を受けた囲碁師の安井算哲二世（後の渋川春海）は、中国の暦の中で最高の精度を誇った元の授時暦を参考にして天体観測を行い、授時暦に独自の改良を加えた大和暦（貞享暦）を編纂した。そして、朝廷側の陰陽頭土御門泰福と協力して貞享改暦（1685年施行）を行い、その功によって初代幕府天文方に

就任した。

③ 宝暦改暦・寛政改暦・天保改暦

　西洋天文学に基づく暦の導入を志向していた八代将軍 徳川吉宗は、天文方西川正休に改暦を命じた。しかし、天文方から改暦の実権を取り戻そうとしていた朝廷側の土御門泰邦と西川の関係は思わしくなく、吉宗が没すると西川は改暦事業から外され、最終的には泰邦の一存で、貞享暦に部分的な修正を加えた宝暦暦への改暦（1755年施行）が実施された。しかし、この暦は日食の予報を外すなど、実質的な改悪であった。

　寛政改暦（1798年施行）は、麻田剛立の2人の高弟である天文方の高橋至時と天文方御用の間重富によって行われ、吉宗の悲願であった西洋天文学に基づく改暦の第一歩となった。そして、天保改暦（1844年施行）は、本格的に西洋天文学を暦に導入することを試みた天文方の渋川景佑（高橋至時の次男）によって実施された。

図表 8-4　幕府天文方の浅草天文台（国立天文台所蔵資料）

④ 太陰太陽暦から太陽暦へ

　明治5年（1872年）、太陰太陽暦（天保暦）から太陽暦への改暦が断行され、明治5年12月3日をもって明治6年1月1日とされた。

　太陽暦へ改暦されたのは西洋列強との外交・貿易関係を円滑にするためということが表向きの理由であった。しかし、後に大隈重信が語っているように、太陰太陽暦では明治6年は閏年のため13カ月あり、月給制に切り替えた官吏の俸給を13カ月分支払わなければならないことから、新政府の財政的な負担を軽減するために改暦が実施された、というのが現実的な理由であったといわれている。太陰太陽暦では朔日（1日）は新月、15日にはほぼ満月となるのに対して、太陽暦では、1日に満月になることもあり得る。そのため、しばらくの間、庶民の生活は混乱をきたし、福井や福岡などでは、学校制度や徴兵令など、同時に導入された新制度とともに太陽暦の廃止を求める暴動が起こった。そうした動きに対し、福沢諭吉が『改暦弁』（1873年）を出版するなど、太陽暦の普及活動が行われたが、戦前までは、盆や正月といった行事を旧暦（太陰太陽暦）に基づいて行う地方も少なくなかったといわれている。

▶ シーボルト事件

シーボルト事件は高等学校「日本史」の教科書で扱われる事項であるため、一度は聞いたことがあるだろう。文政11年（1828年）に、オランダ商館医師でドイツ人のフィリップ・フランツ・フォン・シーボルトが帰国の際に、国外への持ち出しを禁止されていた伊能忠敬の地図を持ち出そうとしていたことが発覚し、翌年にシーボルトは国外追放の処分を受け、主犯である書物奉行兼天文方の高橋景保をはじめ、長崎の通詞やシーボルトの門人等、五十数人が処罰を受けた事件である。主犯の高橋景保は、伊能忠敬の師高橋至時の長男であり、20歳で父の跡を継いで天文方となった。景保は伊能の測量事業の遂行に尽力し、1811年には暦局内に蕃書和解御用を設け、蘭書の翻訳事業を推進した。取り調べを受けた景保は「国家百年の計と考えて、シーボルトの所持していたクルゼンシュテルンの『世界周航記』（1803～1806年）や『オランダ領東インド諸島の地図』と伊能地図を交換したこと」を認めたが、彼の主張が幕府に受け入れられることはなく、取り調べの途中に景保は獄死し、高橋家は断絶となった。

▶▶▶ 十干十二支

「壬申の乱」や「戊辰戦争」をはじめ、日本史上に残る大きな出来事の中に十干十二支といわれる順序数が用いられた名称のものがある。この順序数は漢字文化圏ではよく用いられてきたもので、年や日を表している。例えば、令和元年は己亥の年である。

十干十二支は、甲、乙、丙、丁、戊、己、庚、辛、壬、癸という十干と、子、丑、寅、卯、辰、巳、午、未、申、酉、戌、亥という十二支との組み合わせからなっている。十干を甲から、十二支を子から始めて、甲子、乙丑、丙寅、……、癸亥という60通りの組み合わせをつくる。そして、60番目の組み合わせである癸亥の次は再び最初の甲子に戻って同様に繰り返す。60年で一巡りすることから、生まれた年の十干十二支に還ることを還暦という。

十干十二支の表

1	2	3	4	5	6	7	8	9	10
甲子	乙丑	丙寅	丁卯	戊辰	己巳	庚午	辛未	壬申	癸酉
11	12	13	14	15	16	17	18	19	20
甲戌	乙亥	丙子	丁丑	戊寅	己卯	庚辰	辛巳	壬午	癸未
21	22	23	24	25	26	27	28	29	30
甲申	乙酉	丙戌	丁亥	戊子	己丑	庚寅	辛卯	壬辰	癸巳
31	32	33	34	35	36	37	38	39	40
甲午	乙未	丙申	丁酉	戊戌	己亥	庚子	辛丑	壬寅	癸卯
41	42	43	44	45	46	47	48	49	50
甲辰	乙巳	丙午	丁未	戊申	己酉	庚戌	辛亥	壬子	癸丑
51	52	53	54	55	56	57	58	59	60
甲寅	乙卯	丙辰	丁巳	戊午	己未	庚申	辛酉	壬戌	癸亥

古文書には干支しか記されていない場合があるが、何らかの方法でおおよその年代を知ることができれば、干支から正確な年月日を特定することもできる。

十干十二支に関連する名前としては、甲子園、壬申の乱（672年）、戊辰戦争（1868年～1869年）、辛亥革命（1911年）などが有名である。

なお、日本では十干と陰陽五行説の木、火、土、金、水を組み合わせた甲、乙、丙、丁、戊、己、庚、辛、壬、癸という読み方も使われている。最近では『鬼滅の刃』の作中において、鬼殺隊隊士の十段階の階級を表すものとして用いられていたことから、ご存知の方もおられるだろう。

Question 1 ■■■■

百人一首の選者として知られる藤原定家は、日記『明月記』に 1054 年の「客星」について記している。定家はどのようにして日記を書いたのであろうか。

① 定家は日記を書いていない。別人が日記を書いたのである
② 天文博士が記した記録をもとに、日記に書き込んだ
③ 自ら観測して、その記録を日記に書いた
④ 中国からもたらされた情報に基づいて、日記に書き込んだ

Question 2 ■■■■

安倍晴明の人物像として間違っているのはどれか。

① 京都の一条に屋敷があった
② 天文博士であった
③ 平安時代の人物である
④ 暦博士であった

Question 3 ■■■■

地動説に対する決定的な観測的証拠となったのは次のどれか？

① 均時差
② 年周視差
③ 大気差
④ 歳差

Question 4 ■■■■

次のうち、分光学が天文学に貢献した発見はどれか？

① 小惑星ケレスの発見
② 海王星の発見
③ 膨張宇宙の発見
④ 万有引力の発見

Question 5 ■■■■

干支について正しいのは次のどれか？

① 50 で一巡りすることを還暦という
② 干支には繰り上がりの概念がないので 61 以上の数を表すことはできない
③ 十二支に動物名を当てているのは日本だけである
④ 真夜中を「ねの刻」というが、十二支とは関係がない

Question 6 ■■■■

次の組み合わせで、正しいものはどれか。

① 渋川春海－貞享改暦　高橋至時－寛政改暦
　渋川景佑－天保改暦
② 渋川春海－寛政改暦　高橋至時－貞享改暦
　渋川景佑－宝暦改暦
③ 渋川春海－天保改暦　高橋至時－宝暦改暦
　渋川景佑－貞享改暦
④ 渋川春海－宝暦改暦　高橋至時－貞享改暦
　渋川景佑－寛政改暦

Question 7 ■■■■

ガリレオは「地球が動くなら星は反対方向に動くはずだ」という反論に対応できなかったという。この事実（年周視差）を発見したのはだれか。

① ハレー
② ハーシェル
③ ベッセル
④ ハッブル

Question 8 ■■■■

初めて日本人の調査によってつくられた暦はどれか。

① 元嘉暦
② 宣明暦
③ 貞享暦
④ 天保暦

Question 9 ■■■■

太陽地球間の距離を 10 として、近似的に r＝4＋3×2n の距離に惑星が存在するとするボーデの法則において、n＝3 に対応する天体として 1801 年に発見されたものはどれか。

① 小惑星ケレス
② 小惑星パラス
③ 小惑星エロス
④ 小惑星イトカワ

Question 10 ■■■■

次の文は、どの暦を説明したものか。
「1 太陽年を 12 カ月とし、4 年間に 1 回、閏日を設ける。閏月は使わない。現行の暦の原点となるもの。」

① メトンによる暦
② ヒッパルコスによる暦
③ ユリウス・カエサルによる暦（ユリウス暦）
④ グレゴリウス 13 世による暦（グレゴリオ暦）

Answer 1

❷ 天文博士が記した記録をもとに、日記に書き込んだ

藤原定家（1162 ～ 1241 年）が活躍したのは鎌倉時代である。1054 年の客星を見ていたはずがない。ちなみに、日記に客星について記されたのは 1230 年であり、その中に 8 つの客星について記している。また、中国やイスラム圏の記録にもこの客星の記録がある。

Answer 2

❹ 暦博士であった

安倍晴明は陰陽寮天文博士を務めた。同じ陰陽寮には、暦博士、陰陽博士などが置かれたが、それぞれに役割は異なる。

Answer 3

❷ 年周視差

均時差は視太陽時と平均太陽時との差、大気差は大気の屈折率の変化で星が浮かびあがって見える現象、歳差は地球自転軸のごますり運動により春分点が移動する現象。

Answer 4

❸ 膨張宇宙の発見

宇宙が膨張していることは、銀河までの距離と、その銀河が遠ざかる速度を測定することによって明らかになった。銀河までの距離はケフェウス型変光星の周期光度関係から判明した。速度は銀河を分光し、ドップラー効果によるスペクトルのずれから測定した。

Answer 5

❷ 干支には繰り上がりの概念がないので 61 以上の数を表すことはできない

干支の一巡りは 60 である（☞ p.118 コラム）。干支を使用しているベトナム等でも動物名の振り当てはあるが、日本と異なる動物名が出てくる。

Answer 6

❶ 渋川春海－貞享改暦　高橋至時－寛政改暦　渋川景佑－天保改暦

現在の暦でもわかるように、天体の現象と暦はきれいに割り切れる関係にはないので、長い年月の間には補正または改暦が必要となる。渋川春海は 800 年以上使い続けられてきた宣明暦に対して 1684 年に貞享改暦を行った。その後、1755 年に西川正休が宝暦改暦を、1797 年には高橋至時が寛政改暦、1843 年には渋川景佑が天保改暦を行っている。

Answer 7

❸ ベッセル

1838 年に、はくちょう座 61 番星年周視差 0.3 " を発見した。

Answer 8

❸ 貞享暦

渋川春海による有名な貞享の改暦である。これによって改暦の実権は、朝廷陰陽寮より幕府天文方に移った。

Answer 9

❶ 小惑星ケレス

ボーデの法則 n = 3 に対応する未知の天体が探索された結果、イタリアのピアッツィによって小惑星ケレスが発見された。なお、小惑星ケレスは 2006 年に準惑星に分類し直された。

Answer 10

❸ ユリウス・カエサルによる暦（ユリウス暦）

どの暦も 1 太陽年を 12 ヵ月とすることは同じだが、メトンによる暦は 19 太陽年間に 12 ヵ月の年を 12 回、13 か月の閏年を 7 回置くとし、ヒッパルコスによる暦は 304 年間に 112 回の閏月を置くとしている。グレゴリオ暦は 4 年間に 1 回、閏日を設けるが、100 で割り切れる年は平年とし、さらに 400 で割り切れる年は閏年とする。

9章

人類の宇宙進出と宇宙工学

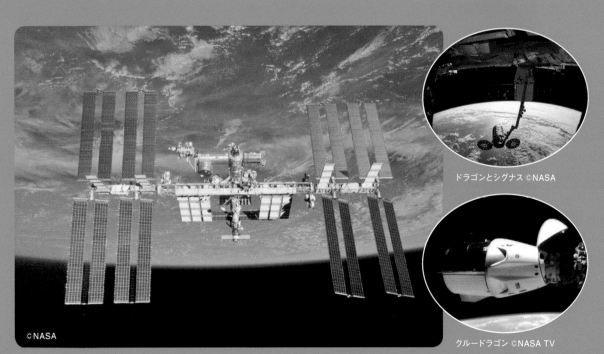

ドラゴンとシグナス ©NASA

クルードラゴン ©NASA TV

©NASA

国際宇宙ステーションと次世代宇宙船
国際宇宙ステーション（ISS、左）は 1998 年に組立が開始されて以降、現在も運用が続いている。2011 年に NASA のスペースシャトルが引退した後、その代わりとなる宇宙船の開発が民間企業でも積極的に進められている。中でもオービタル・サイエンシズ社の「シグナス」やスペース X 社「ドラゴン」は、現在 ISS への無人補給機として主力を務めているほか、2020 年 11 月には日本の野口聡一宇宙飛行士を乗せたスペース X 社開発の商用有人宇宙船「クルードラゴン」が ISS へのドッキングに成功した。2021 年 4 月には、星出宇宙飛行士を乗せたドラゴン宇宙船 2 号機も ISS に到着。野口宇宙飛行士を乗せた同機は地球への帰還にも成功した。

宇宙探査の近未来

　イラスト（右）はNASAが目標とする有人火星探査に向けたロードマップの模式図。2020年代に月へ再度人類を送り込み、2030年代以降には火星有人探査を実現するための技術開発を行うという計画だ。その第一歩として、NASAはアルテミス計画という人類の月面着陸を目指した計画を遂行している。その第一機となるアルテミス1号は2022年11月16日に打ち上げに成功し、有人宇宙飛行船オリオンの無人飛行試験および通信試験が実施された。現状ではアルテミス2号、3号も開発が進められており、2号では有人月フライバイ探査、3号で有人着陸探査が予定されている。月探査はNASAの独壇場ではない。中国は2020年11月に月探査機「嫦娥5号」を打ち上げ、翌12月に月周回軌道上での探査機ドッキングに成功、地球に月面サンプルを持っての帰還に成功した。インド、イスラエルも2019年に月面探査を目指した「チャンドラヤーン2号」、「ベレシート」をそれぞれ打ち上げたが、残念ながら月面着陸に失敗している。インドでは現在次号機の「チャンドラヤーン3号」の開発が進められている。

　続いて人類が訪れる予定の火星も、複数の探査機によって「その時」を見据えた基礎データ収集が継続して行われている。2020年7月に打ち上げられたNASAの火星探査ローバー「パーサヴィアランス」は、2021年2月に火星着陸に成功。初となるミニヘリコプターを使った探査にも成功している。さらにESAとロシアのロスコスモス社が共同で開発する「エクソマーズ2022」では、ロシア製着陸機がESAのローバー「ロザリンド・フランクリン」を搭載し、2022年に火星へと飛び立つ予定だったが、ロシアのウクライナ侵攻に伴い延期になっている。

アルテミス1号に用いられる民間宇宙船「オリオン」が月を周回する想像図。©NASA

火星を飛ぶミニヘリコプターの想像図。パーサヴィアランスに搭載されたミニヘリコプター「インジェニュイティ」は、2021年4月以降、複数回のフライトに成功している。©NASA/JPL-Caltech

日本が主導する火星探査計画MMXでは、世界初となる火星衛星からのサンプルリターンに挑戦する。©JAXA/NASA

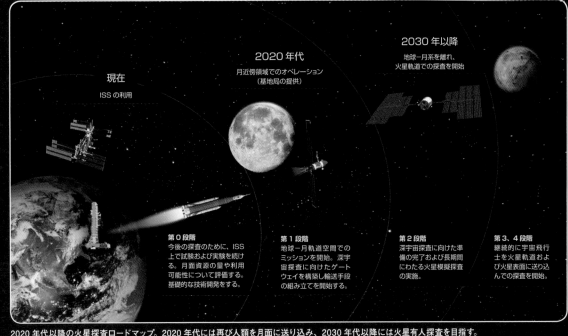

現在
ISS の利用

2020 年代
月近傍領域でのオペレーション
（基地局の提供）

2030 年以降
地球−月系を離れ、
火星軌道での探査を開始

第 0 段階
今後の探査のために、ISS
上で試験および実験を続け
る。月面資源の量や利用
可能性について評価する。
基礎的な技術開発をする。

第 1 段階
地球−月軌道空間での
ミッションを開始。深宇
宙探査に向けたゲート
ウェイを構築し輸送手段
の組み立てを開始する。

第 2 段階
深宇宙探査に向けた準
備の完了および長期間
にわたる火星模擬探査
の実施。

第 3、4 段階
継続的に宇宙飛行
士を火星軌道およ
び火星表面に送り込
んでの探査を開始。

2020 年代以降の火星探査ロードマップ。2020 年代には再び人類を月面に送り込み、2030 年代以降には火星有人探査を目指す。

NASAが運用中の火星着陸探査機「インサイト」
には、火星内部探査のための地震計や火星表
面の環境を測定する風速計、カメラなどが搭載
されている。これまでのローバーたちと同じく夕
焼けの様子も撮影。火星の夕焼けが青いのは、
火星大気中に舞い散る砂塵が太陽の赤い光を
散乱するからだ。火星の方が地球よりも大気中
の砂塵の大きさが大きいため、散乱する光の波
長が異なるのである。© NASA/JPL-Caltech

火星探査ローバー「キュリオシティ」。ローバーの
腕は約 2 m まで伸び、岩石や土壌を直接調査でき
るだけでなく、赤外線レーザーでそれらを蒸発させ
てスペクトル分析も行う。2.1 m の高さまで伸びる
マストの先端にはカメラが搭載され、「自撮り撮影」
をすることができる。© NASA/JPL-Caltech

キュリオシティのマストに搭載されたカメラが
撮影した火星のパノラマ写真（NASA/JPL-
Caltech/Malin Space Science Systems）

1節 化学ロケットのしくみ

ポイント ロケットは、大気圏を抜け所定の高度まで衛星を運び、その衛星に最終的な加速を与えるのが使命である。ところがロケットが飛行する宇宙空間はほぼ真空である。ゆえにロケットは推力を得るのに必要な燃料だけでなく、それを燃焼させるための酸化剤も一緒に搭載しなくてはならない。

▶推力

ロケットを進行方法へ推し進める力で、推進力ともいう。ロケットから毎秒噴射される燃焼ガスの質量（kg/s）と燃焼ガスの噴出速度（m/s）の積に比例し、単位はN（ニュートン）となる。なお、1Nは1kgの物質に1m/s²の加速度を生じさせる力。

▶比推力

ロケットの推進剤の性能（燃料効率）を表す量。比推力は、推力（N）÷1秒間に消費される推進剤の質量（kg/s）÷重力加速度（m/s²）で定義され、単位は秒（s）となる。比推力が大きいほど推進剤の性能が良く、燃焼ガスの噴出速度も大きい。重力加速度（単位質量あたりの重力）が9.8m/s²なので、比推力の約10倍が噴射速度になる。図表9-1にあるように、液体ロケットの方が燃料効率は良いので、比推力や噴射速度は高くしやすいが、推力は固体ロケットの方が高くしやすい。そのため、打ち上げ時に瞬発力が必要な第1段には、しばしば固体ロケットブースターが付加される。

① 作用・反作用の法則で飛ぶロケット

　現在、宇宙開発で最も一般的なロケットは、化学系推進剤を利用したロケットエンジンにより推進力を得る**化学ロケット**である。化学系推進剤には固体と液体があるが、いずれも原則としてエンジンノズル出口で高速のガスを噴射させ、その反作用で推力を得る。そのために、燃料を燃焼室で燃焼させて高温高圧のガスを生成する。そのガスをスロートと呼ばれる絞った出口から一定方向に噴射させ、さらにスカートのように広がったノズルを通して膨張させて高速なガスとする。このような化学ロケットは、大きな推力を出すことができるが、長時間の連続運転ができないという欠点をもっている。

Isp（比推力）$= F$（推力）$/\dot{m}_p$（推進剤質量流量）G（標準重力加速度）

② 固体ロケット、液体ロケットの構造

　固体ロケットは、固体の燃料と酸化剤を混ぜ合わせて、ロケット本体に充填した固体推進剤を使用する。構造は簡単で、ケース、ノズル、推進剤、点火器で構成され、部品点数が少なく、使用時にはポンプなどの機械部品で推進剤を燃焼室に移送することなく、ロケット内部の推進剤へそのまま点火することで大きな初速を得ることができる。短所としては、比推力が小さい、燃焼中断ができない、推力方向の制御が難しいなどがある。推進剤としては、過塩素酸アンモニウム、ブタジエンゴム系の末端水酸基ポリブタジェン、および微量のアルミニウムを混ぜたものを熱硬化したコンポジット推進剤が日本の H-IIA 固体補助ロケット、M-V ロケット各段に用いられている。

　液体ロケットは、H-IIA ロケット第1段を例にとると、酸化剤である液体酸素タンク、燃料である液体水素タンク、および LE-7A エンジンより構成されている。水素と酸素で完全な化学反応（水の生成）を行わせるための水素と酸素の重量混合比は、$1:8$（$2H_2 = 4 : O_2 = 32$）であるが、スペースシャトルメインエンジンや、H-IIA ロケットの第1段エンジン LE-7A での重量混合比は、$1:6$としている。その理由は2つある。第1は、完全燃焼させてし

まうと、燃焼室の温度が上がり過ぎてしまい、耐えられなくなる。水素を余分に供給することにより、温度を下げるためである。第2は、推進剤としては排出されるガスを100%水蒸気ではなく、水素ガスを混ぜて軽くした方が噴射速度が高くなる、すなわち、比推力が大きくなるためである。

図表 9-1 固体ロケットと液体ロケットの比較

固体ロケット	液体ロケット
・構成・構造がシンプル	・構成・構造がやや複雑
・比推力 ～285秒	・比推力 350～450秒
・小推力から超大推力まで選べる	・小推力、超大推力には向かない
・燃焼時間は比較的短い	・燃焼時間が長くとれる
・燃焼途中での停止ができない	・燃焼停止・再着火ができる
・推力制御が少々困難	・推力制御可能
・フライト用モータの燃焼試験不可能	・フライト用エンジンの燃焼試験可能
・推進剤充填状態で長期間保管可能	・燃料充填状態での長期保管はほぼ不可能
・打ち上げ前点検は比較的簡単	・打ち上げ前整備（漏洩点検、予冷等）必要
・開発期間が短い、開発コスト小	・開発期間が長い、開発コスト大
・量産効果は小さい	・量産効果あり

注）固体燃料を使用するロケット推進機のことをモータ、液体燃料を使用するロケット推進機をエンジンという。
注）ウクライナが商業衛星打ち上げサービスに提供しているドニエプルロケットは、ソ連時代の戦略ミサイルで、その燃料は約30年間長期保管された後、バイコヌール宇宙基地等から打ち上げている。JAXAの光衛星間通信実験衛星「きらり」はこのロケットで打ち上げられた。

図表 9-2 各国の液体ロケット推力、比推力等の一覧

機種	SSME	LE-7A	RD-0120	ヴァルカン	RS-68	YF-77
開発国	アメリカ合衆国	日本	ソビエト連邦	欧州宇宙機関	アメリカ合衆国	中華人民共和国
推進剤	液体水素と液体酸素	液体水素と液体酸素	液体水素と液体酸素	液体水素と液体酸素	液体水素と液体酸素	液体水素と液体酸素
真空中比推力（秒）	453	440	454	433	409	438
噴射速度（m/s）	4530	4400	4540	4330	4090	4380
真空宇宙での推力（kN）	2320	1120	2000	1140	3430	690
搭載	スペースシャトル	H-ⅡAロケット H-ⅡBロケット	エネルギア	アリアンⅤ	デルタⅣ	長征5号

注）kN は力の単位を N（ニュートン）として1000N。
注）表中左側の3つ（SSME、LE-7A、RD-0120）は、二段燃焼サイクル方式の液体酸素・液体水素ロケットエンジン。これは、燃料の一部を不完全燃焼させてポンプを駆動した後、出てきたガスをさらに燃焼室に送り込んで完全燃焼させ推進に使う。燃費が良く、大出力だが、構造が複雑で高価。これまでにロシアが最も多く開発・実用化した。ロシア以外では、スペースシャトルメインエンジン（SSME）と、LE-7/LE-7Aエンジンしか実用例はない。右側の3つ（ヴァルカン、RS-68、YF-77）は、ガス発生器サイクル方式の液体ロケットエンジン。燃料の一部を別に燃やして、その力でポンプを駆動する方式。割と強力だが、燃料の一部を推進ではなくポンプの駆動に使ってしまうので燃費が少し落ちる。

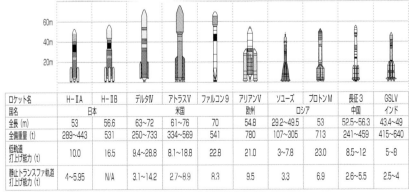

図表 9-3 世界の大型ロケット一覧

ロケット名	H-ⅡA	H-ⅡB	デルタⅣ	アトラスV	ファルコン9	アリアンⅤ	ソユーズ	プロトンM	長征3	GSLV
国名	日本	日本	米国	米国	米国	欧州	ロシア	ロシア	中国	インド
全長（m）	53	56.6	63～72	61～76	70	54.8	29.2～49.5	53	52.5～56.3	43.4～49
全備重量（t）	289～443	531	250～733	334～569	541	780	107～305	713	241～459	415～640
低軌道打上げ能力（t）	10.0	16.5	9.4～28.8	8.1～18.8	22.8	21.0	3～7.8	23.0	8.5～12	5～8
静止トランスファ軌道打上げ能力（t）	4～5.95	N/A	3.1～14.2	2.7～8.9	8.3	9.5	3.3	6.9	2.6～5.5	2.5～4

化学ロケットの種類

固体ロケット

液体ロケット

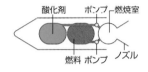

打ち上げの窓
（ロンチウィンドウ）

ロケットや人工衛星の目的達成のために諸条件から計算された打ち上げ可能時間帯のこと。例えば、種子島宇宙センターから国際宇宙ステーション（ISS）の物資補給のために打ち上げられる「HTV－X（2024年度1号機打上げ予定）」は、消費燃料と搭載燃料を抑えるために、ISSがちょうど種子島宇宙センターの真上を飛行するタイミングで打ち上げる。このときの打ち上げ時間帯が打ち上げの窓である。また、火星探査の場合、火星と地球の公転周期が異なるため、チャンスは2年に1度程度。しかも1週間という短い打ち上げの窓しかない場合も珍しくない。さらに、打ち上げ可能な時間帯も数十秒だったりする。2003年に打ち上げた小惑星探査機「はやぶさ」の場合は30秒間しかなかった。

H3 ロケット開発

H-ⅡA、HⅡBおよびイプシロンロケットM開発技術をベースとして、JAXAは民間企業との共同事業で、「H3ロケット」を開発中。性能、価格両面で国際競争力のあるロケットを目指し、試験機1号機を2022年度、試験機2号機を2023年度に打上げを目指している。

9章 2節 非化学ロケットのしくみと未来のロケット

ポイント 7年間という長期にわたって宇宙を旅し、小惑星イトカワからサンプルを持ち帰った小惑星探査機「はやぶさ」は、イオンエンジンを搭載していた。研究開発が進む非化学ロケットは、未来に向かってどのように進化していくのだろうか。

1 非化学ロケット

化学反応（燃焼反応）を利用せず、物理的な力で推進する非化学ロケットは長時間運転が可能だ。研究開発が進む様々な非化学ロケットのうち、現在、実用化が可能なのは、イオンロケットとプラズマロケットである。

図表9-4 非化学ロケット一覧

推進方法	比推力	名称	特徴
電気推進	数1000〜1万秒 （はやぶさ：2900秒）	イオンロケット	推進剤をイオン化またはプラズマ状にし、その後、電気や磁気の力を利用して噴射する。小型のものは衛星の制御用として実用化されている。
		プラズマロケット	
		電気熱ロケット	
原子力推進	最大1000秒	固体炉心ロケット	原子炉の熱で推進剤（水素等）を加熱し、噴射する。実験段階のみで実用化されていない。
		コロイド炉心ロケット	
		プラズマ炉心ロケット	
パルス推進	数万秒	核分裂パルスロケット	小型の核分裂や核融合を断続的に発生爆発させ、その反作用で推進する。
		核融合パルスロケット	
レーザー推進	約3000秒	レーザーロケット	ロケットにレーザーを照射し、それを受けて推進する。
太陽帆推進	——注）	ソーラーセイル	大きな帆により太陽光線を受けて推進する。
核融合推進	数万秒		水素等の核融合物質を噴射して推進する。
星間ラムジェット推進	約200万秒 （バサードラムジェット）	ラムロケット	宇宙空間の水素を集めて核融合させ、それを噴射して推進する。
光子推進	3000万秒	光子ロケット	物質と反物質を反応させ、光に変えて、それを噴射して推進する。

注）能動的エンジンを持たないので比推力の対象外

イオンエンジン

電気推進の一種。化学ロケットのような大推力は出せないが、燃費に優れている。「はやぶさ」が搭載した我が国独自開発のマイクロ波放電式イオンエンジンは、継続的に長期間の加速が可能な特徴を活かし、惑星間飛行時の加速や軌道安定のための微調整等に利用される。

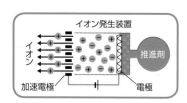

図表9-5 イオンエンジンのしくみ

プラズマエンジン

電気推進の一種。気体温度を上げると、気体の原子は、マイナス電気の粒子とプラス電気の粒子に分かれる。これら2つの粒子が混在している状態がプラズマである。プラズマエンジンは、推進剤ガスを電気放電によってプラズマにし、これを電磁的に加速して噴射する仕組みになっている。推力は小さいが長時

間の連続運転が可能なので、人工衛星の軌道制御などに適している。

ソーラーセイル

太陽帆推進の一種。2010年7月9日、JAXAが打ち上げた小型ソーラー電力セイル実証機「IKAROS」が史上初のソーラーセイルの宇宙実証を行い、一躍注目を浴びた。2015年5月20日、宇宙探査を推進している国際NPOの惑星協会が開発したライトセイルA（短辺10cm、長辺30cmのキューブサット）が地球低軌道に打ち上げられた。2016年にはライトセイルBの打ち上げ、将来は、太陽-地球系のラグランジュ点（L1点）（☞用語集）への飛行を計画中だ。

太陽風によって推進しているのではなく、光子の反射によって生じる反作用による。光の粒子が太陽帆を形成する薄膜に当たり反射すると、薄膜には光の入射方向と逆向きの力が発生する。この力は、セイルの面積と光圧力に比例する。光圧力は光源からの距離の二乗に反比例する値となる。太陽光圧を利用するには極めて軽量かつ極めて広い面積を保持できる薄膜が必要。

原子力エンジン

原子炉で液体水素等を高温ガスにして噴射する原子力推進の一種。原理は化学ロケットと同じ。機体軽量化と長時間運行が期待できる。

2 未来のロケット

光子ロケット

物質と反物質を反応させ、光に変えて、それを噴射して進む。1935年にドイツのオイゲン・ゼンガーが提案したシステムで、SF小説にもよく登場するが、光子を100%反射させる反射鏡や、強い光を発する発光体の開発など、技術的難題が多く、実現は極めて難しいだろう。

ラムロケット

宇宙空間には、わずかにある水素原子を集め、加速して噴出しながら進むロケット。水素原子を集めるために、直径数kmもの巨大な集積装置（ラムスクープ）が必要。

レーザーロケット

レーザー基地からロケットにレーザーを照射して、そのエネルギーで進む。燃料が不要なため、衛星とロケットの質量比を高くとることができる。近年、宇宙エレベーターの駆動装置として注目を集めている。

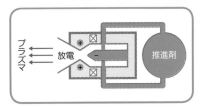

図表 9-6　プラズマエンジンのしくみ

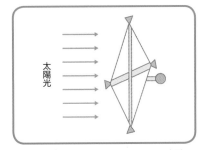

図表 9-7　「IKAROS」は、一辺約14mの正方形で、厚さ7.5μmのポリイミド樹脂膜にアルミを蒸着した薄膜（膜面重量15kg、膜面積：約200m²）に太陽光圧を受けて航行する宇宙帆船。太陽光さえあれば燃料なしで推進力を得ることができる。

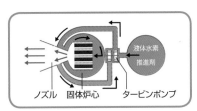

図表 9-8　原子力エンジンのしくみ

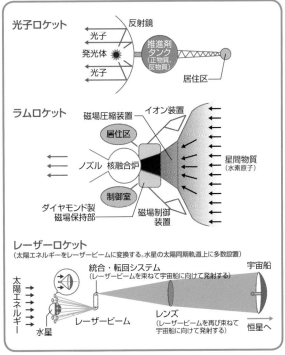

図表 9-9　未来のロケット

9章

3節 宇宙へ飛び上がる

ポイント 打ち出された砲弾が描く放物線状の飛行を弾道飛行という。その最高到達高度を 100 km にすれば宇宙空間に到達できるが、砲弾はいずれは地上に落ちる。人工衛星が地球を周回し続けていられるのは、地球の重力に引かれる力と、衛星の運動による遠心力が釣り合っているからだ。人工衛星が地球のまわりを回る道筋を軌道と呼ぶ。

1 宇宙速度

【第一宇宙速度】 地球を周回する軌道に乗る、つまり人工衛星になるために必要な速度を第一宇宙速度という。速度は高度によって異なる。現実には空気抵抗による減速で不可能な軌道だが、地表すれすれを円軌道で周回すると仮定した時に必要な速度はおよそ 7.9 km/s（時速約 2 万 8400 km）。

【第二宇宙速度】 地球の引力圏を脱出する速度を第二宇宙速度という。地球表面から打ち出す場合に必要な速度はおよそ 11.2 km/s（時速約 4 万 320 km）。

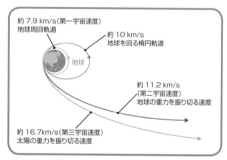
約 7.9 km/s（第一宇宙速度）
地球周回軌道
約 10 km/s
地球を回る楕円軌道
約 11.2 km/s
（第二宇宙速度）
地球の重力を振り切る速度
約 16.7 km/s（第三宇宙速度）
太陽の重力を振り切る速度
地球

図表 9-10 地表から打ち出す場合の初速度と軌道

【第三宇宙速度】 太陽の重力を振り切り太陽系から脱出する速度を第三宇宙速度という。地球表面から打ち出す場合に必要な速度はおよそ 16.7 km/s（時速約 6 万 120 km）。この数値は太陽を中心とする地球公転軌道から無限遠点まで到達できる初速度という意味であり、現実的には第二宇宙速度で地球重力圏を脱出し、太陽を周回する軌道に入り、別の天体の重力に捕らわれるなど（スイングバイ☞用語集）して脱出を果たせる。

2 人工衛星の軌道

人工衛星の軌道は、高度、軌道傾斜角等によりいくつかに分類される。人工衛星の軌道を考えるうえで重要なのは、①人工衛星と地球の関係（地球が自転している）と、②人工衛星と太陽の関係（地球と人工衛星が公転している）である。

【静止軌道】 自転する地球表面との相対関係を常に一定に保つ軌道傾斜角 0° の円軌道。すなわち、地球から見ると人工衛星

図表 9-11 人工衛星の軌道高度別速度（円軌道の場合）

高度（km）	速度（km/s）	周期
0	7.906	1 時間 24 分 28 秒
100	7.844	1 時間 26 分 29 秒
500	7.612	1 時間 34 分 37 秒
1,000	7.350	1 時間 45 分 08 秒
5,000	5.918	3 時間 21 分 19 秒
10,000	4.934	5 時間 24 分 28 秒
35,786	3.075	23 時間 56 分 04 秒

が常に止まって見える軌道。衛星の軌道周期（地球を周回する時間）を地球の自転周期（23 時間 56 分 4.09 秒）とするため、赤道上空 3 万 5786 km を周回させる。代表的な人工衛星としては、気象衛星「ひまわり」、放送衛星、通信衛星等が挙げられる（図 9-12 下図）。

【同期軌道】 軌道周期は 24 時間。円軌道だけでなく楕円軌道のものも含む。また、軌道傾斜角は 0° でなくともよい。高緯度地方の観測や通信に適している（図 9-12 下図）。

【回帰軌道】　地球を1日に数回まわり、1日で同一地点の上空を通過する軌道。図表9-13 上は1日に2度同一地点の上空に戻る軌道である。

【準回帰軌道】　衛星が地球を一周するたびに、観測する地域が少しずつずれていき、数日後に再び同じ場所の上空に戻ってくる軌道（図表 9-13 下）。この軌道で飛行すると、同じ地域を一定の期日の間隔で観測することができる。

【太陽同期軌道】　衛星と太陽の位置関係が常に同じになる（つまり、衛星の軌道面に当たる太陽からの光の角度が同じ）ように飛行する軌道（図表9-14）。この軌道では、赤道上空を衛星が通過する地方時が、ほぼ一定（地上の観測者から見ると、毎回ほぼ同じ時刻（地方時）に衛星が飛んでくる）になるので、この軌道で飛行すると、観測時の地球表面への太陽光の入射角が一定となるため、地球表面からの放射・反射量を正確に観測することができるようになる。

【太陽同期準回帰軌道】　地球観測衛星は、太陽同期軌道と準回帰軌道を組み合わせた軌道を飛行しており、地球の表面に当たる太陽の角度が同じになる（太陽同期軌道の特性）という条件のもとで、定期的に同じ地域の観測（準回帰軌道の特性）を行える。例えば、海洋観測衛星1号「もも1号」（MOS-1）の場合は、約103分かけて地球を一周し（これを「周期」という）、17日間隔で同じ地域の上空をほぼ同じ時間帯に通過（これを「回帰日数」という）する。

【準天頂軌道】　3機の衛星の軌道面を120°間隔で配置することで、日本、東アジア、オーストラリアへの24時間連続サービスが可能となる。つまり、地上軌跡北側の八の字（小さいループ）を1機の衛星が約8時間滞在後南下、次の衛星が南から北上し、小さいループへ移動して約8時間滞在、第3の衛星が北上、第2の衛星と入れ替わる。

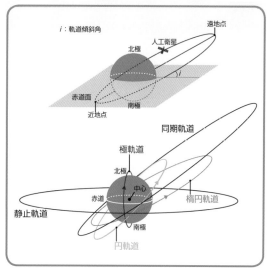

図表 9-12　人工衛星の軌道

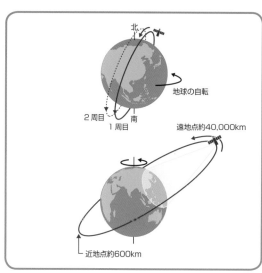

図表 9-13　準回帰軌道。1日に地球を何周かし、数日後に同じ地域をほぼ同時間帯に通過。

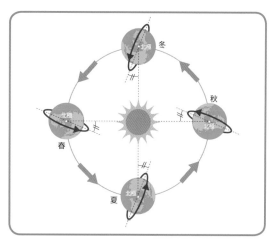

図表 9-14　太陽同期軌道。衛星の軌道面と太陽の角度はほぼ一定。

 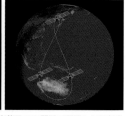

図表 9-15　準天頂軌道の3機の衛星を軌道面120°間隔で配置した図（左）と、その場合の地表面軌道（右）。© 吉冨進

9章 4節 軌道力学

ポイント 求められる高い精度と人命の安全を保持しつつ、いざ宇宙を目指すとなると、現実の宇宙には、大気の抵抗や重力などの様々な課題が待ち受けている。また同時に、経済効率を考慮した省エネルギー化も常について回る課題である。

プラスワン

火星まで何日？

例えば、ホーマン軌道で地球から火星まで往復するには、火星まで片道258日、火星で458日滞在した後、帰りにも258日、往復で2年8カ月を要する。ロケットを高速にすればもっと早く到達できるが、噴射のための燃料も膨大になり、経済的ではない。

◉GTO

GTOとは静止トランスファ軌道（geostationary transfer orbit）の略。静止衛星の軌道傾斜角を0°に変換することを考慮すれば、ロケットを打ち上げる地点（射場）の緯度は、赤道に近いことが望ましい。欧州宇宙機関（ESA）が用いるフランス領ギアナにあるギアナ宇宙センターの射場は北緯5度3分の低緯度にある。

◉スペースデブリ

運用後に放置された人工衛星やロケットの一部など、地球の衛星軌道上を周回している打ち捨てられた人工物体のこと。宇宙ゴミともいう。その数は年々増え続けており、活動中の人工衛星やISSなどに衝突すれば甚大な被害をもたらすた

① ホーマン軌道、静止トランスファ軌道

　出発軌道（元の軌道）と目標軌道（外惑星に向かう場合）とが同一面上にあるとき、出発軌道に外接し目標軌道に内接する楕円軌道を**ホーマン軌道**という。ホーマン軌道は、最も経済的な軌道である。しかし、現在、ほとんどの惑星探査機は**準ホーマン軌道**に打ち上げられている。ホーマン軌道に打ち上げる場合よりも速度を上げ、打ち上げ方向を少しだけ変えることで、目的の惑星までの飛行日数を減らすことができる。

　静止トランスファ軌道（GTO）とは、人工衛星を静止軌道に投入するときに一時的に使われる軌道である。考え方は、

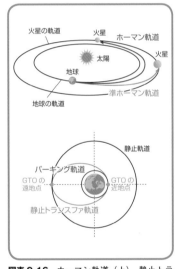

図表 9-16 ホーマン軌道（上）、静止トランスファ軌道（下）。パーキング軌道とは目的の軌道に乗せる前に一時的に用いる軌道。

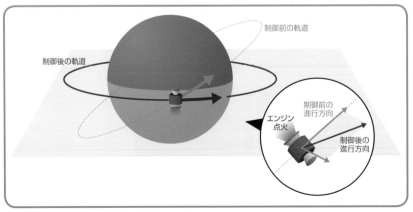

図表 9-17 軌道面制御

ホーマン軌道の手法である。出発軌道（パーキング軌道という）と目標軌道（静止軌道）とは軌道面が異なる場合が多い。パーキング軌道は通常打ち上げ地点の緯度に近い軌道傾斜角をもつため、例えば、種子島宇宙センターから打ち上げると、静止軌道に必要な軌道傾斜角 0° に変換する必要がある。かつては、GTO の遠地点（高度約 3 万 6000 km）で衛星内に組み込んだ小型ロケット、アポジモータにより、楕円軌道から円軌道への変換と共に、軌道面の変更を行った。最近では、軌道変換のリスクを避けるため、再点火が可能な液体アポジエンジンで複数回に分割して徐々に静止軌道へと変換する方法が主流となっている。静止トランスファ軌道は、日本の場合は軌道傾斜角約 28°であるため、静止軌道への投入のためには、軌道面変更が必要で、遠地点において図表 9-17 の制御を必要とする。

② 軌道を支配する力学

人工衛星の実際の軌道は、地球の偏平性や組成の不均一性などによる重力場の中心力場からのずれ、太陽、月、他の惑星などの天体から働く力、高層大気の抵抗、太陽風の圧力、地球磁場の影響などで、ケプラー運動からずれを生じている。このずれのことを摂動と呼び、ずれを起こさせる力を摂動力と呼んでいる。

楕円軌道を表す式（ケプラーの第 1 法則）

$$r = \frac{a(1-e^2)}{1+e\cos f}$$

r：地心（地球の質量中心）から人工衛星までの距離
a：長半径　　e：離心率　　f：真近点離角（近地点から計った角度）

コラム

▸▸▸ 国際宇宙ステーション（ISS）の軌道

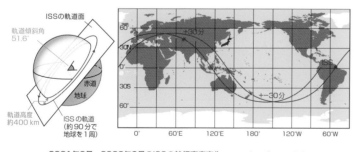

ISSの軌道面
軌道傾斜角 51.6°
赤道
地球
軌道高度 約400km
ISSの軌道（約90分で地球を1周）

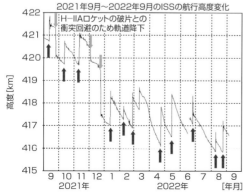

2021年9月〜2022年9月のISSの航行高度変化

高度[km]

H-IIAロケットの破片との衝突回避のため軌道降下

9 10 11 12 1 2 3 4 5 6 7 8 9
2021年　　　　2022年　　[年月]

左のグラフは過去1年間のISSの航行高度を示す。リブースト（赤矢印）による急激な高度上昇と緩やかな減衰を繰り返して高度 418 〜 420 km を維持している。徐々に降下しているのは（太陽活動による外圏大気の密度変化による）大気の抵抗によるもの。また、急激な高度低下（青印）はデブリとの衝突回避のため。2020 年 9 月下旬は、H-IIA40 号機のロケットが発生させた破片との接近回避のため。

め、国際問題となっている。しかし、回収は難しく、現在は、10 cm 以上の大きさのデブリ（アメリカの発表によると 2 万 3000 個以上）について、その軌道を把握して回避を図るのみである。

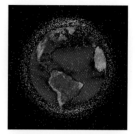

低軌道スペースデブリ分布図（デブリの大きさは誇張している）
©NASA

静止軌道スペースデブリ分布図（低軌道スペースデブリを含む。デブリの大きさは誇張している）
©NASA

▶ 宇宙交通管理
最近、米国、欧州、日本の企業等が衛星の編隊飛行計画（Mega Constellation）を相次いで発表している。現状で最大数の計画は、1 米企業が既に 1000 機以上の衛星を高度約 550 km に配置済みで、最終的には 4 万機以上でグローバルなインターネット環境を提供しようとしている。他にも英国政府が買収した会社でも最大 4 万機以上打上を計画している企業もあり、少なく見積もっても、10 年後には新たに 5 万機以上の衛星が新たに地球周辺を飛行すると予測される。このような問題をどう解決するかを、「宇宙交通管理（Space Traffic Management）」といい、デブリ問題同様、今後の宇宙利用の重大な課題となっている。

5節 宇宙に住むために

> **ポイント** 地球上の1Gの重力環境を離れるとき、動植物にはどのような変化が現れるだろうか。ISSでは宇宙空間で遭遇する様々なリスクを克服するための試みや実験が行われている。また、宇宙空間ならではの環境を生かした実験は、我々の生活をより豊かにする成果を生み出しているのだ。

❶ 宇宙空間という環境

　一般的に、有人宇宙活動に障害となる宇宙環境として、**真空、無重力、宇宙線**が挙げられる。真空に対してはISSのように与圧空間を整備し、船外では宇宙服により対応する。無重力に対しては特に人体への影響として、心循環器、骨、筋肉、免疫系への影響があり、対応策はISSで研究が進行中である。宇宙線に対する防御は今後の有人宇宙活動の中で最も重要な課題である。ISSの長期滞在で当面6カ月という制約があるのは、累積被曝による細胞のがん化を回避するためである。

図表9-18　宇宙滞在中に宇宙飛行士が遭遇する健康リスクとその対応策

健康リスク	身体への影響	対応策
微小重力の影響	【前庭器官への影響】 耳の奥にある前庭器官（重力センサー）の不調による宇宙酔いの発生。	数日で自然に収まる。
	【心循環器への影響】 体液が重力で下に引っ張られないため顔がむくむ。頭部に移動した余分な体液によって鼻腔の粘膜もむくむため、鼻詰まり状態になる。地上帰還時に立ちくらみを起こしやすいのは、血液を送り出す力が少なくて済むので心臓の筋肉が衰えるのが要因と考えられている。	数週間で改善する。
	【骨と筋肉への影響】 重力や運動による負荷が減るため、骨をつくる骨芽細胞の働きが低下する一方、破骨細胞は今まで通りの活動を維持する。ゆえに破骨活動が優勢となり、骨の中のカルシウムが尿や便と共に排出され、骨粗しょう症と似た症状を呈する。筋肉も負荷が減るために衰える。	軌道上でしっかり運動できた宇宙飛行士は、帰還後の筋力回復もよく、リハビリテーションプログラムの期間も短く済む。
放射線の影響	長期的には宇宙飛行士の生命を脅かす	宇宙滞在制限を設定。可能な限り被曝線量を計測する。 放射線被曝軽減のための設備を使う。
心理的・精神的影響	精神心理的健康状態の悪化は、作業効率低下や疲労などの悪影響を及ぼす。	宇宙飛行士のプライベートな精神心理面談を行う。定期的に家族と電話をする時間を設けて、宇宙飛行士の精神心理支援を行う。

　ISS搭乗中の宇宙飛行士の健康管理は、主にNASAジョンソン宇宙センターのミッション・コントロール・センターのJAXA専任のフライトサージャン（航空宇

▶ 宇宙線

宇宙線は、宇宙空間を飛び交う高エネルギーの粒子線のこと。超新星残骸や銀河中心から発せられている。1秒間に数百個もの宇宙線が我々の体をすり抜けている。主成分は陽子であり、アルファ粒子、リチウム、ベリリウム、ホウ素、鉄などの原子核を含む。地球にも常に飛来しているが、地上での被曝線量は、1年間で約2.4ミリシーベルトといわれている。一方、ISS滞在中の宇宙飛行士の被曝線量は、1日あたり1ミリシーベルト程度。ISS滞在中の1日あたりの放射線量は、平均して地上での約半年分に相当する。

▶ ミール宇宙ステーション

「ミール宇宙ステーション計画」は、ソ連の有人宇宙計画であった「ヴォストーク宇宙船」（1961〜63年）、「ウォスホート宇宙船」（1964〜65年）「ソユーズ宇宙船」（1967〜85年）、人類初の長期滞在型宇宙ステーション「サリュート宇宙ステーション」（1971〜86年）に続く、本格的な長期宇宙滞在技術獲得のための有人宇宙活動

宙医師）と、筑波宇宙センターの医療管理チームにより遠隔で実施されている。健康管理は、飛行前／飛行中／飛行後の医学データ（問診、診察、検査、各宇宙飛行士の体力、栄養状態、精神心理状態、生命維持システムの状況、放射線環境（船内／個人）、船内環境）を使って総合的に行われている。

図表 9-18 で説明した宇宙滞在に伴う人体への影響を滞在期間で図示すると図表 9-22 のように、滞在初期には様々な影響が現れる。その多くは、宇宙環境に適応できるようになるものの、骨・カルシウム代謝（骨粗しょう症のような症状）や、放射線の影響（細胞のがん化）は、滞在期間とともに、ますます悪化する。

図表 9-19　制振装置付きトレッドミル 2 でトレーニングする若田宇宙飛行士 ©JAXA/NASA

図表 9-20　自転車エルゴメータを使って運動を行う星出宇宙飛行士（飛行 8 日目）©JAXA/NASA

図表 9-21　改良型エクササイズ装置でトレーニングする若田宇宙飛行士 ©JAXA/NASA

計画。ミールは 1986 年から 2001 年 3 月の強制的地球落下処置までの 15 年間にわたって運用された宇宙ステーションであった。この時点でロシアはすでに、20 年以上の長期宇宙滞在の実績があった。一方のアメリカは、マーキュリー、ジェミニ、アポロ計画の後、1973 年に打ち上げたスカイラブ計画の 3 回の合計滞在日数が 171 日に到達した程度。ミール宇宙ステーションで最も顕著な成果は、ポリャコフ宇宙飛行士による 438 日の連続長期滞在記録。

▶ クルークォータ
ISS にある宇宙飛行士の放射線被曝を軽減するための設備。公衆電話ボックス程度の大きさ。天井と背面に 6.2cm 厚の超高分子量ポリエチレン（UHMWPE）127kg が使用され、宇宙放射線は約 9%、太陽フレアによって発生する放射線は 74% 減衰することができる。

▶ SBDD
疾病の多くは、タンパク質の正常な活動からの逸脱に起因すると考えられる。疾病関連タンパク質を特定し、その立体構造の解析を基に、新規薬剤を創る方法を、タンパク質立体構造情報に基づく薬剤設計（Structure Based Drug Design：SBDD）という。従来の薬剤設計では、非常に多くの化合物を生物学評価する必要があり、薬剤を見出した後も、どの方向に薬剤を改変したら良いかはっきりと分からない。SBDD は、短期間・低コストでの効率的な創薬が可能である。ISS 計画参加国中で日本が最も積極的に取り組んでいる分野。

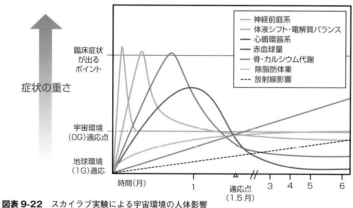

図表 9-22　スカイラブ実験による宇宙環境の人体影響
宇宙環境の人体への経年影響。骨・カルシウム代謝と放射線影響は、宇宙滞在期間とともに増加する。

② 宇宙での無重力実験

図表 9-23　無重力（微小重力）環境での実験の目的と成果

実験分野・目的	研究課題・成果
【生命科学】 重力に隠されていた影響の発現や新たな能力の発見を目指す。	①無重力による筋委縮（筋肉がやせること）の分子機構の解析。 ②筋委縮と神経との関係、無重力の影響の解析。 ③放射線の低線量長期被曝における生物影響の解析。 ④植物の重力屈性のメカニズムと重力感受の解析。
【物質科学】 液体・気体状態で対流が抑制され、拡散みで物質や熱の輸送が行われる無重力の実験環境を用いて、結晶成長の素過程の精密な観測と現象の理解を進め、新素材を開発する。	【ISS での実験成果】 ①マランゴニ対流（無重力下で顕在化する流体の密度差に起因する対流現象）の結晶形成への影響調査。 ②氷結晶成長におけるパターン形成などの基礎的な物理実験。
【バイオテクノロジー】 SBDD による効率的で短期・低コストでの創薬を目指す。	筋ジストロフィー創薬が動物実験まで進行中。万能型インフルエンザ特効薬の開発に向けた宇宙実験も実施中。

▸▸▸ 多段式ロケットの利点

多段式ロケットは、燃え尽きて不要になったロケットの機体を切り捨て、機体重量比を上げてロケット本体の速度を効率よく増加できる。しかし、段数が増えるとシステムが複雑化するため、2 段式または 3 段式が多い。

▸▸▸ ロケット方程式

化学ロケットで高速に達するためには、（1）より多くの推進剤を噴出するか、（2）より高速で推進剤を噴出するか、の 2 通りしかない。このロケット推進の原理を表す式がロケット方程式だ。推進剤やエンジン部分やペイロード（積載部分）などすべて含めたロケットの初期質量、推進剤などを噴出し切った後の最終質量、推進剤の噴出速度、そしてロケットが獲得する速度増分 ΔV の間には、

速度増分＝噴出速度× ln（初期質量／最終質量）

の関係が成り立つ。ここで ln は自然対数の記号である。

この式から、ロケットの到達速度 ΔV を上げるためには、推進剤の割合を多くするか（初期質量／最終質量が大きくなる）、噴出速度を大きくするかとなる。

例えば、液体水素と液体酸素を使う LE-7 エンジンの噴射速度は毎秒 4400 m ほどで、このエンジンで地球低軌道に上昇するのに必要な毎秒 10 km 程度の速度を得るには、初期質量／最終質量＝ 10 となる。言い換えれば、この場合、ロケットの初期質量の 90％を推進剤が占めているということだ。ロケットが燃料を打ち上げていると言われる所以である。

▸▸▸ HTV-X（H-II Transfer Vehicle-X HTV-X）
（次期補給機）

「こうのとり」は、国際宇宙ステーション補給機として日本が開発したもので、2009 年の技術実証機（1 号機）から 2020 年の 9 号機まですべての補給ミッションを完遂し、役割を終えた。HTV-X はその後継機で、ISS への米国民間補給機（Cygnus（キグナス）、Dragon（ドラゴン）及び Dream Chaser（ドリームチェイサー））に比べてカーゴ輸送量 No.1、大型実験ラック（国際実験ラック）輸送能力は唯一、曝露カーゴ輸送能力 No.1。また、HTV-X ／ H3 ロケットによる月周回有人拠点（Gateway：ゲートウェイ）への物資・燃料補給を計画している。さらに、将来的にサービスモジュール単独使用に発展可能な設計仕様、居住モジュールに繋がる技術獲得、月補給機への発展性、再利用型補給機等、多彩なミッションが期待されている。

Question 1

液体ロケットと固体ロケットの違いについて正しく述べたものはどれか。

① 液体ロケットの方が製造コストが安い
② 液体ロケットの方が長時間の貯蔵・保存が可能
③ 固体ロケットの方が燃焼時間が長くとれる
④ 固体ロケットの方が推力を高くしやすい

Question 2

ISS での長期滞在が通常 6 カ月程度に制限されているのは、宇宙飛行士の身体への配慮以外にも理由がある。次のうち正しいのはどれか。

① 帰還時に使用する宇宙船の軌道上寿命の制約のため
② 労働法による制限のため
③ ISS の食料・飲料水の備蓄量の都合
④ 宇宙飛行士の精神衛生への配慮から

Question 3

スペースデブリについての記述で正しいのはどれか。

① 今まで宇宙空間で衛星同士が衝突したことは一度もない
② 日本にはスペースデブリを観測できる設備はなく、全く海外の観測網で観測されたデータを利用している
③ 10cm より大きいスペースデブリ分布を米国空軍が一般に公表している
④ 打上げられた全ての人工衛星は 100 年以内に全て地球に落下する

Question 4

p.131 傍注の下図はスペースデブリの分布図である。左右にリング状に見える部分は何か。

① 衛星電話衛星と他の衛星の衝突事故によって生じたデブリ
② 国際宇宙ステーションからでたデブリ
③ 静止軌道のデブリ
④ 太陽同期軌道のデブリ

Question 5

小惑星探査機「はやぶさ」に搭載された非化学ロケットはどれか。

① イオンロケット
② 光子ロケット
③ ラムロケット
④ レーザーロケット

Question 6

人工衛星の地表面への軌跡が 8 の字型となる準天頂軌道をとる衛星の軌道を、地球の外から見るとどのようになるか。最も適当なものを選べ。なお、軌道と地球の大きさは誇張してある。

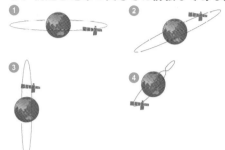

Question 7

1926 年、世界で初めて液体ロケットの打ち上げ実験を行い、成功させたのは誰か。

① コンスタンチン・ツィオルコフスキー
② ロバート・ゴダード
③ ウェルナー・フォン・ブラウン
④ 糸川英夫

Question 8

日本版 GPS 衛星「みちびき」は、次に挙げるどの軌道を周回しているか。

① 準天頂軌道　　② 太陽同期準回帰軌道
③ 静止軌道　　　④ 回帰軌道

Question 9

GPS を補完する衛星測位サービスに利用される準天頂軌道の特徴は何処にあるか。

① 衛星 1 機が必ずないと、日本全土を連続 24 時間サービスできない
② 衛星 2 機が必ずないと、日本全土を連続 24 時間サービスできない
③ 衛星 3 機が必ずないと、日本全土を連続 24 時間サービスできない
④ 衛星 4 機が必ずないと、日本全土を連続 24 時間サービスできない

Question 10

「こうのとり」の後継機「HTV-X」はどんな性能・役割を期待されているか、間違いはどれか。

① ISS への物資補給のみ
② 将来的にサービスモジュール単独使用に発展可能な設計仕様、居住モジュールに繋がる技術獲得
③ 月周回有人拠点（Gateway：ゲートウェイ）への物資・燃料補給
④ 月補給機への発展性、再利用型補給機等

Answer 1 ▪▪▪▪

④ 固体ロケットの方が推力を高くしやすい

固体ロケットの方が構造がシンプルなため、開発期間が短く、開発コストも安くすむ。長期間の保存も可能である。大きな推力が必要な第一段にはもってこいだが、燃焼効率においては液体ロケットに劣る。一方、液体ロケットは燃焼時間を長くでき、点火後の燃焼停止・再点火ができるため、誘導制御において優れている。

Answer 2 ▪▪▪▪

① 帰還時に使用する宇宙船の軌道上寿命の制約のため

ISS への乗組員の往還は、スペースシャトル引退後、ソユーズによって行われている。乗組員の ISS 滞在中には、乗ってきたソユーズを ISS に係留しておき、帰還時には正常に作動させる必要がある。打ち上げから 3 カ月後（ミッション半ばの時期）には、ソユーズをテスト始動させるが、安全寿命を考慮して 6 カ月という制限が設けられている。ちなみにソユーズは 3 人乗りで、ISS には 6 名が常駐している。

Answer 3 ▪▪▪▪

③ 10cm より大きいスペースデブリ分布を米国空軍が一般に公表している

米空軍は、10cm より大きいデブリをインターネットで公表している（Space－track.org）。衛星同士の宇宙空間での衝突事故は、2007 年米国とロシアの衛星衝突事故がある。スペースデブリ観測施設は、JAXA が岡山県に望遠鏡（主に静止軌道帯を観測）、およびレーダ（主に低高度衛星を観測）を保有している。また、防衛省は静止軌道帯の観測用として、Deep Space Radar を整備中。なお、打上げられた人工衛星のうち、高度が約 1000km を超える衛星は半永久的に地表に落下することはない。

Answer 4 ▪▪▪▪

③ 静止軌道のデブリ

中心のボールは地球であり、静止軌道は地球の直径の 3 倍程度の上空、赤道上に分布していることから明らかである。他にも球状に分布しているデブリや地球のすぐそばにデブリが集中している様子などがわかる。これらはよく利用されている軌道である。

Answer 5 ▪▪▪▪

① イオンロケット

小惑星探査機「はやぶさ」に搭載されたイオンロケットは、イオン化した推進剤を電気や磁気の力で噴出するもので、推力は小さいが継続的に長期間の加速が可能である。光子ロケット、ラムロケット、レーザーロケットは実用化されていない。

Answer 6 ▪▪▪▪

②

① は静止軌道の模式図。③ は極軌道の模式図。④ は力学的に実現不可能な軌道。

② の軌道は地上から見ると赤道から南北の中緯度帯にわたって衛星が移動する。地上からの高度を調整することで、ある地域から見ると、8 の字を描くような軌道となる。

Answer 7 ▪▪▪▪

② ロバート・ゴダード

1926 年 3 月 16 日、ロバート・ゴダードはアメリカのマサチューセッツ州で液体酸素とガソリンを用いた世界初の液体ロケットの打ち上げ実験を行い、成功させた。NASA のゴダード宇宙飛行センターは彼の名にちなんで命名されたもの。

コンスタンチン・ツィオルコフスキーはロケット推進に関するツィオルコフスキーの式を考案し液体ロケットを提唱した。ウェルナー・フォン・ブラウンは本格的な液体ロケットの打ち上げを成功させた。糸川英夫は日本で本格的なロケット開発を始めた。

Answer 8 ▪▪▪▪

① 準天頂軌道

準天頂軌道を周回する衛星からの信号はその名の通りほぼ真上から受信できるので、山や高層ビルの影響を受けにくく、GPS 等に適している。気象衛星「ひまわり」は日本からみて常に上空に止まって見える静止軌道を周回している。静止軌道よりも高緯度の観測が可能な回帰軌道や、地球全体を隙間なく観測できる太陽同期準回帰軌道は、地球観測衛星に適している。

Answer 9 ▪▪▪▪

③ 衛星 3 機が必ずないと、日本全土を連続 24 時間サービスできない

図表 9-15 に示すとおり、3 機の衛星を軌道面 120°間隔で配置すると、各衛星間間隔が 8 時間となり、日本上空に必ず 3 機の内の 1 機が飛行することで、24 時間連続でサービスが可能となる。1 機、または 2 機では日本上空に衛星が存在する時間帯に抜けが、一方、4 機は必ずしも必要ない。

Answer 10 ▪▪▪▪

① ISS への物資補給のみ

HTV-X は、「こうのとり」の後継機として、「こうのとり」には無かった性能・役割を担っている。ISS は 2030 年までの運用延長を NASA が目指しているが、一方で、月周回有人拠点（Gateway：ゲートウェイ）計画を推進、日本もそれに参加を想定して、HTV-X/H3 ロケットによる月周回有人拠点（Gateway：ゲートウェイ）への物資・燃料補給を計画している。更に、将来的にサービスモジュール単独使用に発展可能な設計仕様、居住モジュールに繋がる技術獲得、月補給機への発展性、再利用型補給機等、多彩なミッションが期待されている。

10章

宇宙における生命

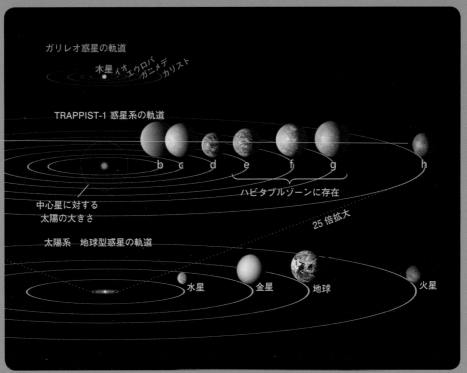

太陽系の惑星の軌道、木星のガリレオ衛星の軌道と TRAPPIST-1 惑星系の軌道の大きさを比較した模式図。TRAPPIST-1（☞ p.141 プラスワン）はみずがめ座の方角にある天体で、木星程度の大きさの中心星の周囲を 7 つの惑星が公転している。そのうち 3 つの天体はハビタブルゾーン（☞ 10 章 1 節）に存在しており、液体の水をもつ可能性がある。

地球という
ゆりかごを出る日

　スペースコロニーとは、地球近傍の宇宙空間に建造された架空の巨大構造体のこと。『機動戦士ガンダム』などアニメにも多く取り上げられている。国際宇宙ステーションのような宇宙ステーションと大きく異なるのは、対称軸のまわりに回転させることで、遠心力による疑似重力を発生させ、さらに、ある程度の大きさをもたせることで、ほぼ地上と同じ生活環境を保てるようにつくられていることである。

円筒型タイプの既定値である直径 6.5 km、長さ 32 km の円筒の場合、展開すれば、20 km × 32 km の長方形になる。つまり、京都市や札幌市のような条里都市に住むのと似ているといえなくもない。想定している居住人数は 1 万人だ。周期 114 秒で自転させることによって、円筒面での遠心力がちょうど地球重力（1G）に等しくなるのである。

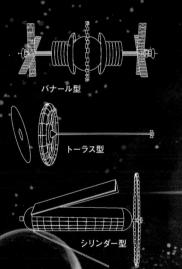

バナール型

トーラス型

シリンダー型

ウーベル型

主なスペースコロニーには、1929 年にベルナールが提唱した球形タイプ（バナール型）、1974 年にオニールが提唱した円筒型タイプ（シリンダー型）、1975 年にスタンフォード大学で設計されたトーラス状タイプ（トーラス型）などがある。

全人類が地球に閉じこめられているかぎり、直径10 kmほどの隕石が落ちてきただけで、人類は絶滅してしまう危険性がある。人類という種の保存を長期的な観点でみれば、人類はいつの日にか、"地球というゆりかご"から出ていかなければならないだろう。pp.138-139 ©NASA、上2点 ©NASA /Rick Guidice

系外惑星とハビタブルゾーン

ポイント 宇宙には地球の他にも生命が存在する惑星があるのか？ この問いを我々人類は、古代より抱いてきた。太陽系外の恒星の周りを公転する惑星、いわゆる太陽系外惑星が見つかったのは、ようやく1995年のことである。地球のような惑星は、はたして存在するのだろうか？

▶ **ドップラー法** ☞用語集

▶ **トランジット法** ☞用語集

▶ **直接撮像法** ☞用語集

▶ **ホットジュピター** ☞用語集

▶ **地球に似た惑星？**
ケプラー62f（上）はハビタブルゾーンの内部にある、地球によく似た惑星だと想像されている。ケプラー22b（下）は表面に液体の水が存在する可能性がある。図はどちらも想像図。

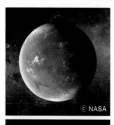
© NASA

© NASA/Ames/JPL-Caltech

▶ **スーパーアース** ☞用語集

① 系外惑星の発見

他の惑星系の存在については、古来、大きな疑問の1つであった。何十年も精力的に系外惑星の探索を進めていたアメリカのグループが「系外惑星は存在しない」と発表した直後の1995年、皮肉にもヨーロッパのグループによって系外惑星が発見された。

最初に発見された系外惑星は、地球から42光年の距離にあるペガスス座51番星である。恒星（親星）が発する光のドップラー効果の変動をとらえる観測から、親星が約4.2日の周期でふらついていることがわかった。その後、発見ラッシュとなった系外惑星の数は確実なものだけでも5000個を超え（2022年9月現在）、惑星というものは宇宙に普遍的に存在することがわかった。一方、なかには、彗星のようなつぶれた楕円軌道をもつ惑星や連星系の周りを回る惑星など千姿万態であり、大多数の系外惑星が我々の太陽系とは異なる姿を示すことが判明した。これら多彩な系外惑星の成り立ちについては、まだはっきりと解明されていない。

しかし、百聞は一見に如かず。姿を直接とらえる直接撮像法で追観測されると、動かし難い証拠といえる。今後、補

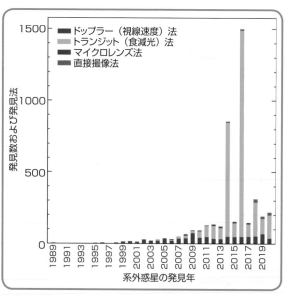

図表 10-1 系外惑星の発見年（横軸）と発見数および発見法（縦軸）。最初の頃はドップラー法による発見が主だったが、ケプラー衛星の精密観測によって近年はトランジット法による発見が激増した。

償光学や大望遠鏡等の技術が進むと新たな直接撮像による惑星が増えるとともに、"GAIA"宇宙望遠鏡によるアストロメトリー（位置測定）法による軽い惑星の発見増加が期待される。

② 岩石惑星、そして、第二の地球へ

　系外惑星探索で最も威力を発揮しているドップラー法では、親星の近くにある惑星や質量が大きい惑星の方が発見しやすい。したがって、発見されている惑星の多くは巨大なガス惑星や氷惑星であり、生命が存在するのは難しいだろう。しかしここ数年、地球の数倍の質量をもつ惑星、いわゆる**スーパーアース**が明らかになってきた。特に、トランジット法で見つかったコロー7bやケプラー10bは、地球の1～2倍ほどの大きさ・密度をもつと推測されている。ただし、これらは親星に近すぎるため、惑星表面温度は1000 Kを超し、暑すぎて生命が存在するのはやはり難しいだろうと考えられる。

　では、生命が存在するために必要な条件とは何だろうか？　鍵となるのは、「液体の水」である。意外なことに酸素は必要条件ではない（地球の場合、むしろ生命が存在した結果、大量の酸素を含む大気が形成されたと考えられている）。親星の周辺で、水が液体として存在できる領域を、**ハビタブルゾーン（生命居住可能領域**☞用語集**）**といい、現在の太陽系では唯一地球だけが位置する。天文学者たちは、ハビタブルゾーンに位置する惑星（第二の地球）を必死に探しており、その候補となる惑星はいくつか見つかり始めている。

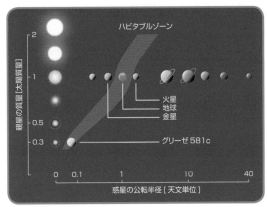

図表 10-2　太陽系とグリーゼ581のハビタブルゾーン比較。中心の恒星の質量、温度によってハビタブルゾーンの場所は変わる。

図表 10-3　ハビタブルゾーンに位置する系外惑星の候補

惑星名	親星のタイプ／表面温度 [K]	公転半径 [au]	推定温度 [K]
ケプラー22b	G5V／5518	0.85	262 – 295
ケプラー61b	／4017	0.26	
ケプラー62e	／4925	0.43	
ケプラー62f	／4925	0.72	208
ケプラー186f	／3788	0.36	

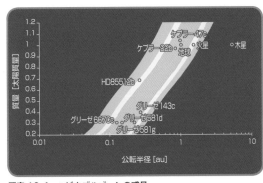

図表 10-4　ハビタブルゾーンの惑星

プラスワン

b からはじまる

連星では星の名前にA やBをつけて区別する。それに準じて、系外惑星の名前は、親星の名前に小文字のbcdなどをつけて表す（aはない）。

プラスワン

短い方がいい！

太陽系外惑星（extrasolar planet）は、ふだんは系外惑星（exoplanet）と短く呼ばれることが多い。シンプルな方が呼びやすいのである。

プラスワン

ハビタブルゾーンにある惑星？

2017年、地球から39光年の距離にあるTRAPPIST-1と呼ばれる星の周りに、7つの地球サイズの惑星が見つかった。うち、3つはハビタブルゾーンにあり、液体の水をもつ可能性がある。親星は太陽の8%ほどの重さしかなく、褐色矮星との境界といえる恒星である。大きさはむしろ木星と近いほどだ。そのため、親星からの光エネルギーは太陽より弱く、液体の水をもてる可能性が太陽系の水星より内側にくる。地上の60 cm望遠鏡を用いたトランジット法により、7つのうちの一惑星を発見したことをきっかけに、続々と他の惑星が見つかった。今後が期待される。

上から、木星とガリレオ衛星、TRAPPIST-1、太陽系の大きさ比べ。©ESO/O. Furtak

10章 ② 節 地球生命とレッドエッジ

生物の体はアミノ酸からなるタンパク質でできており、生体構造などの設計図である遺伝情報は RNA や DNA などの核酸が伝達している。たった 4 種類の塩基の並びで決まる遺伝情報が、たった 20 種類のアミノ酸を結びつけ、複雑な生体を造りあげている。このような地球生命は、宇宙からはどう見えるのだろうか。

▶ **有機物質** ☞用語集

▶ **光合成** ☞用語集

▶ **フォンノイマンマシン**
☞用語集

▶ **RNA の 4 種類の塩基**
アデニン（A）、ウラシル（U）、グアニン（G）、シトシン（C）

▶ **DNA の 4 種類の塩基**
アデニン（A）、チミン（T）、グアニン（G）、シトシン（C）

プラスワン

組み合わせはいくつ？
ヌクレオチドの塩基が、AAA とか AAG とか 3 つ並んだ並び方が最小単位の遺伝情報（コドン）を構成し、この組み合わせが 1 つのアミノ酸を指定する。4 種類の塩基から 64 通りの並び方が作れるので、20 種類のアミノ酸には十分対応できる。実際には、異なる並び方が同じアミノ酸を指定したり、色々な冗長性がある。

▶ **還元大気と酸素大気**
☞用語集

生物の 3 条件

　生命とは何か、生物とは何か、生物と無生物の境界がどこかは、現在でもきちんと答えるのが難しい問題だ。一般的には、生命とは、以下の機能をもった有機物質とされるだろう。

　　・外界と境界によって隔てられた細胞のような**構成単位**をもつ

　　・外界から物質やエネルギーを取り込み**物質代謝**する

　　・自分自身と（ほぼ）同じものを**自己複製**し**自己増殖**する

　細菌のような単細胞生物にせよ、細胞の働きが分化した多細胞生物にせよ、生物と呼ばれるものはこれら 3 つの性質をそなえている。一方、核酸とそれを包むタンパク質の殻からなるウイルスは、細胞のような構成単位はないし、自分自身では代謝をせず、他の生物の細胞を利用して増殖する。しかし、自己複製ができるという生物特有の性質をもっているので、生物と無生物の境界的存在と考えられる。

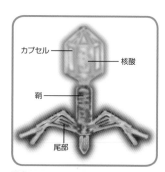

図表 10-5 ウイルスの構造

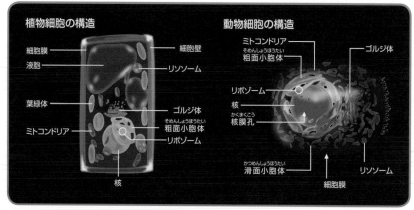

図表 10-6 植物細胞の構造と動物細胞の構造

生体構造をつくるタンパク質と遺伝情報を担う核酸

生物の体を形作っているのは主に**タンパク質**だが、そのタンパク質は**アミノ酸**が結合してできた高分子化合物だ。アミノ酸はたった20種類しかないが、様々な組み合わせで、多種多様なタンパク質を形成しているのだ。さらにタンパク質は、生体構造をつくる基本要素であると同時に、酵素やホルモンなど生体機能も司っている。

一方、生物の遺伝情報を担っているのは、**リボ核酸RNA**や**デオキシリボ核酸DNA**だ。これらの核酸は、糖やリン酸や塩基が結びついた高分子化合物である。糖にリン酸と塩基が結びついて**ヌクレオチド**と呼ばれる構造単位となり、多数のヌクレオチドが連なって、RNAやDNAを形成している。この連なりの中の塩基の並びによって、生命の遺伝情報が伝えられている。

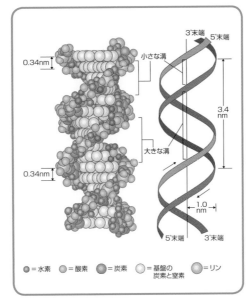

図表 10-7 核酸 DNA の二重らせん構造

③ 生命の徴（しるし）、レッドエッジ

地球の生命は、ふんだんにある太陽光を生体活動に利用するために、**光合成**を行うようになった。地球植物の葉緑体は、赤色領域の光を最もよく吸収する（赤色を吸収するので反射光は補色の緑色になっている）。したがって、地球の植生の反射率は、赤色で小さく、赤色の端付近（680〜750nm付近）で反射率がシャープに増加する。これを**レッドエッジ**と呼ぶ。もし太陽のようなG型星のまわりの系外惑星で、スペクトルにレッドエッジが見つかれば、その惑星は緑の植物に覆われているのかもしれない。

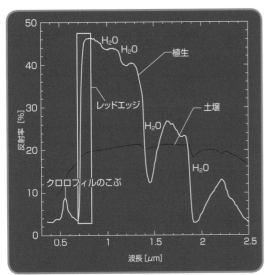

図表 10-8 植生の反射率には、可視光の赤色側と赤外線の境界付近（0.7μm = 700 nm 付近）で、鋭い端（レッドエッジ）が顕著に見られる（出典：Seager 他 2005）。

プラスワン

タンパク質に必要な情報は？
さらに20種類のアミノ酸が色々な順序で結合して、あるタンパク質の構造や働きが決まる。タンパク質は平均300個のアミノ酸からできているので（たとえば赤血球のヘモグロビンは574個のアミノ酸からできている）、約900個の塩基配列が、いわば1つのタンパク質を合成するための遺伝子に相当する。

▶ バイオマーカー
☞用語集

プラスワン

D 型と L 型
D 型（dextrorotatory；右旋性）とL 型（levorotatory；左旋性）は、化学的には同じだが、立体構造が鏡映対称な有機分子である。

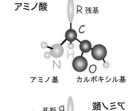

生体のタンパク質はL型アミノ酸のみでできており、遺伝子情報を担う核酸はD型リボース（糖類）のみでできている。その結果、酵素は特定の立体構造をとることができ、外部から摂取したL型アミノ酸でできたタンパク質を分解できる。また核酸は有名な二重らせん構造を形成できる。生命誕生の始原時代に、L型アミノ酸とD型核酸が選択されたそのことが、生命発生の秘密であり鍵なのである。

10章

宇宙における生命

10章
3節 生命の起源とアストロバイオロジー

> **ポイント**　現在の地球は多種多様な生命に満ち溢れている。生体構造の近縁性や遺伝情報の分析によって、これら地球上の生命がどのように進化してきたか、さらにはどのように発生したかなどについての解明が進んだ。地上の生命は、約38億年前に、酸素のほとんどない状態で、きわめて高温の環境下で発生したと考えられている。

▶ 原核生物 [参] 用語集

▶ 真核生物 [参] 用語集

プラスワン

共生する

ミトコンドリアは真核生物の細胞内に存在するエネルギー発生に関係する小器官だ。細胞核の DNA とは別に、ミトコンドリア自体も独自の DNA をもっている。かつて、ミトコンドリアと母細胞は別種の生物だったものが、進化の過程で共生し、1つの生物になったものらしい。植物細胞に存在する葉緑体も同じように共生したもののようだ。生物進化の過程では、何度もこのような共生が起こったのだろう。

プラスワン

単細胞は不死

多細胞生物の DNA は鎖状で、細胞分裂のたびにテロメアと呼ばれる末端部分が欠損していくため、60回程度で細胞分裂がストップする。一方、単細胞生物のDNA は環状であり、分裂回数の限界はない。不死になりたければ、単細胞生物になるといい。

① 生命の系統樹

　分子生物学の発達によって、現在では遺伝子レベルで生物の進化過程がわかってきている。そして現在の生物界は、**真正細菌**（バクテリア）、**古細菌**（アーキア）、**真核生物**（ユーカリア）という、3つの超界（ドメイン）に分けられている。真正細菌も古細菌も、細胞組織としては細胞内に核をもたない原核生物だ。そのため、かつては同じ系統だと考えられていたが、リボソームRNA遺伝子の比較から、真正細菌と真核生物が違うくらい、真正細菌と古細菌も違うことがわかった。しかも、系統樹の上では、古細菌は真正細菌よりも真核生物に近い。なお、細胞内に核をもつ真核生物の枝には、粘菌、菌類、植物、動物の小枝があり、動物の小枝の哺乳類の細い枝のさらに先に、人類というトゲが出かけている。

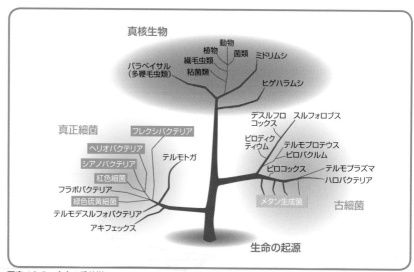

図表 10-9　生命の系統樹
細胞に存在するリボソームの RNA 遺伝子から、現生生物の系統関係を調べて並べたもの。現生生物は大きく、真正細菌、古細菌、真核生物にわかれる。光合成生物のいる細菌は青地で、メタン生成古細菌は黄色地で表してある。古細菌や真正細菌の根元付近の太い枝は、超好熱菌を表す。参考までにいくつかの名前も書いてあるが、細かい名前は検定範囲外（カール・ステッターの描いた系統樹を改変）。

この生命の系統樹を遡って調べていくと、根元あたりの生物はすべて、酸素を嫌う嫌気性で高温環境下が好きな**超好熱菌**であることがわかった。生命が誕生した頃の約38億年前頃の地球は、後代の生命では生存できないほど高温の環境だったと推測されている。

いずれにせよ、原始地球の過酷な環境の中で、生命の発生自体は、何度も繰り返し起こったことだろう。そして発生した生命のほとんどは、そのまま死に絶えてしまったが、約38億年前に発生した生命がようやく生きながらえて、多種多様な地球生命に進化したのだと考えられる。そしてさらに多くの試行錯誤と偶然の結果、我々人類がここにいるのだろう。

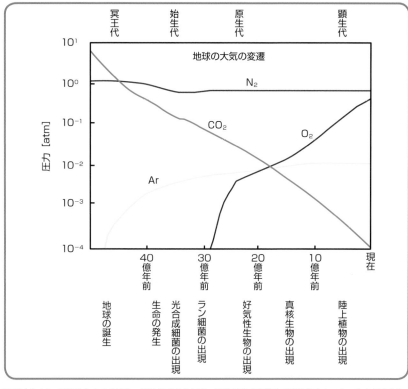

図表 10-10　地球と生命の共進化。原始地球の大気は二酸化炭素が大部分で酸素はなかった。生命が発生し、さらに光合成細菌が出現して、酸素を作り始めた。酸素は最初のうちは海水中の鉄イオンと反応して酸化鉄となり、海底に沈殿して後の縞状鉄鉱床となった。数億年後、海水中の鉄イオンがなくなると、光合成で発生した酸素は大気中に放出された。そして大気上空でオゾン層ができると、生命が陸上に進出できるようになった。
丸山茂徳・磯崎行雄著『生命と地球の歴史』岩波書店、1998 年より改変

② アストロバイオロジー（宇宙生物学）

宇宙における生物の存在や生命の起源を探る学問領域として、宇宙生物学（アストロバイオロジー）あるいは生物天文学（バイオアストロノミー）という言葉や学問領域自体は、かなり古くからあって、20世紀後半から種々の議論がされてきた。1995 年の系外惑星の発見によって、現実味が非常に高くなり、系外惑星の研究などでは、生物学の知識なども必要とされるようになってきた。そもそも、天文学の究極の目標は、宇宙の起源から生命の発生まで連綿と続く宇宙の歴史を明らかにすることなのだから、最初から、宇宙と生命は切っても切り離せない間柄なのである。

▶ 地球と生命の共進化

生物の進化の過程で、生物は地球環境から大きく影響を受け、同時に地球環境へも作用してきた。その代表が酸素大気だ。最初の生物が生まれてから 10 億年ぐらいたって、最初の光合成生物シアノバクテリアが生まれた。シアノバクテリアは光合成によって有機物を合成する一方で、酸素呼吸によってそれ以前の方法よりもはるかに高い効率でエネルギーを得ることができた。シアノバクテリアの出現によって、生命は地球環境へも介入し始めた。地球の酸素は生物がつくったものなのだ。こうして、地球と生命の共進化が始まった。現在では、地球上の生物個体数は 10^{29}、植物の全重量は約1兆トンと見積もられている。

シアノバクテリア © 埼玉大学理学部分子生物学科

プラスワン

酸素濃度が一定の理由

現在でも光合成で酸素はどんどん放出されているが、酸素濃度は増加せず21％（容積比）で一定になっている。なぜだろうか。現在の酸素濃度でも乾いた樹木はしばしば自然発火するのだが、酸素濃度が1％増加しただけで湿った樹木まで自然発火し、大規模な森林火災を引き起こす。その結果、酸素が消費されて酸素濃度が下がるのだ。このような負のフィードバックも、地球と生命の共進化の1つである。

プラスワン

**チクシュルーブ・
クレーター**

メキシコのユカタン半島に恐竜絶滅を引き起こしたらしい衝突痕があり、チクシュルーブ・クレーターと命名されている。長年にわたる堆積作用のためにクレーター形状は埋没しているが、重力異常の分布パターンが綺麗な円形になっていることがわかる。同時代の衝突痕は他にも発見されている。

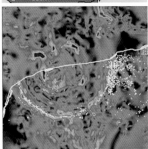

©Geological Survey of Canada

▸▸▸ 生物種の大量絶滅

　いまから 6600 万年前のある晴れた日、天空から直径が 10 km ぐらいで質量が 3 兆 t ほどの岩のかけらが落ちてきた。彗星の核だったかもしれないし、小惑星だったかもしれない。太陽系内の微小天体としてはさほど大きなものではない。しかし、ひとたび地上に落ちたとき、衝突による爆発の規模は TNT 火薬 1 億 t にも相当したと見積もられている。落下地点では巨大なクレーターが生じ、衝撃波や地震・津波などの直接被害に加え、衝突で吹き上げられた多量の土砂や塵によって、何年も続く地球規模の環境災害が起こっただろう。その事変が恐竜など種の大量絶滅をもたらしたと考えられている。

　きっかけは、1979 年、中生代と新生代を分ける地層に、イリジウムやオスミウムなど稀少元素の異常凝集が発見されたことである。そしてそれらの稀少元素が天体からもたらされたという学説が提唱された。この新学説は、1980 年代に、古生物学者、地質学者、物理学者、天文学者たちを巻き込んで、大論争を引き起こした。しかしその後、メキシコのユカタン半島で発見されたチクシュルーブ・クレーターが当時の天体落下の衝突痕クレーターであることが同定されて、ほぼ定説となった。

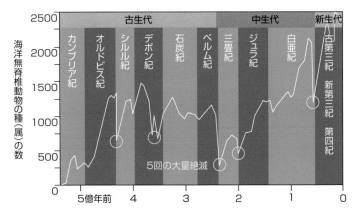

　さらに、このような種の大量絶滅は、古生代オルドビス紀末（O/S 境界；約 4 億 4400 万年前）、古生代デボン紀末（F/F 境界；約 3 億 7400 万年前）、古生代ベルム紀末（P/T 境界；約 2 億 5100 万年前）、中生代三畳紀末（T/J 境界；約 1 億 9960 万年前）、そして中生代白亜紀末（K/Pg 境界；6600 万年前）の 5 回あったと考えられている。小さい規模の絶滅はもっとたくさんあったらしい。

　天が崩れ落ちてくるのではないかと心配した古代中国の杞の人の憂いは、あながち杞憂でもなかったのだ。

Question 1

ウイルスは純粋な生物とは見なされない。それはなぜか。

1. 非常に小さいから
2. 核酸をもっていないから
3. 代謝をしないから
4. 増殖しないから

Question 2

遺伝情報の組み合わせは何通りできるか。

1. 20 通り
2. 32 通り
3. 64 通り
4. 128 通り

Question 3

生命が発生したのは地球誕生後、何億年頃か。

1. 1 億年以内
2. 8 億年頃
3. 19 億年頃
4. 25 億年頃

Question 4

系外惑星を探査するのに使われる「トランジット法」では、何の量を測定して惑星の有無を調べるか。

1. 恒星の明るさの変化
2. 恒星の位置の変化
3. 恒星の色の変化
4. 惑星の明るさの変化

Question 5

主系列星の周りに初めて見つかった系外惑星の観測手法はどれか。

1. ドップラー（視線速度）法
2. トランジット法
3. 直接撮像法
4. ハッブル法

Question 6

次の生物の分類のうち、最初の生物に最も近いと考えられているのはどれか。

1. 真核生物
2. 古細菌
3. 粘菌類
4. 真正細菌

Question 7

ハビタブルゾーンに関して正しいものはどれか。

1. 生命が存在できる軌道領域を指し、太陽系では地球だけがハビタブルゾーンに位置している
2. ハビタブルゾーンには液体の水と酸素が存在する
3. 親星の質量によってハビタブルゾーンの領域は変化し、一般的に親星の質量が大きいほどハビタブルゾーンは内側に寄っている
4. 系外惑星が多数見つかってきているが、ホットジュピターなどが多く、いまだハビタブルゾーンの惑星は見つかっていない

Question 8

人類は、生命の系統樹上では、どの超界（ドメイン）に含まれるか。

1. ユーカリア
2. バクテリア
3. アーキア
4. ホモ

Question 9

次のうち、有機物質に分類されないものはどれか。

1. アミノ酸
2. アデニン
3. タンパク質
4. 二酸化炭素

Question 10

恐竜絶滅は以下のどこにあたるか。

1. デボン紀末
2. 三畳紀末
3. ペルム紀末
4. 白亜紀末

Answer 1 ■■■■

❸ 代謝をしないから

ウイルスは核酸とそれを包むタンパク質の殻からなっている。人間などの生体にとりつくと、自分の核酸を細胞に注入し、増殖する。代謝はせず、自力で増殖もできない。そのため生物とは言い切れないが、機械とも鉱物ともいえない。

Answer 2 ■■■■

❸ 64 通り

塩基が 3 つ並んだ並び方が最小単位の遺伝情報（コドン）となり、1 つのアミノ酸を指定する。DNA や RNA には、それぞれ 4 種類の塩基があるので、4 × 4 × 4 ＝ 64 通りの組み合わせが可能だ。

Answer 3 ■■■■

❷ 8 億年頃

1 億年以内はさすがに無理だが、痕跡が見つかっているのが 8 億年後（38 億年前）で、実際には生命の発生はもっと前だっただろう。19 億年後（27 億年前）に最初の光合成生物が発生し、19 億年前〜 21 億年前（25 億年後）ぐらいにかけて、酸素大気が形成されたと考えられている。

Answer 4 ■■■■

❶ 恒星の明るさの変化

恒星の前を惑星が通過するときに、わずかに恒星が減光するのをとらえる。

Answer 5 ■■■■

❶ ドップラー（視線速度）法

ドップラー法は惑星の重力によって親星がわずかにふらつく動きを検出する観測方法。トランジット法は惑星が親星の前を通過するときにわずかに暗くなる食減光を検出する観測方法。直接撮像法は親星のごく近傍にいる暗い惑星を画像で直接捉える方法。その他に惑星の重力によって親星がわずかにふらつく位置ずれを検出するアストロメトリ法がある。最初に発見された 51Pegb は、ドップラー法によって発見された。ハッブル法は存在しない。

Answer 6 ■■■■

❹ 真正細菌

現在の生物界は、大きく真正細菌（バクテリア）、古細菌（アーキア）、真核生物（ユーカリア）に分類される。このうち、最も最初の生物に近いのは真正細菌だということが、リボソーム RNA 遺伝子の比較から明らかになっている。ちなみに 3）の粘菌類は真核生物の一種である。

Answer 7 ■■■■

❶ 生命が存在できる軌道領域を指し、太陽系では地球だけがハビタブルゾーンに位置している

ハビタブルゾーンは水が液体として存在できる軌道領域を指し、太陽系では地球だけがハビタブルゾーンに位置している。親星の質量が大きいと、エネルギーが多く放出されるのでハビタブルゾーンは外の方にずれる。最近では観測精度も上がり、ハビタブルゾーンにあると思われる、地球によく似た惑星も見つかるようになっている。

Answer 8 ■■■■

❶ ユーカリア

現在の生物界は、大きく、バクテリア（真正細菌）、アーキア（古細菌）、ユーカリア（真核生物）という、3 つの超界（ドメイン）に分けられる。超界の下が、界・門・綱・目・科・属・種という分類体系になっている。ヒトは、真核生物・動物界・脊椎動物門・哺乳綱・サル目・ヒト科・ヒト属（ホモ）・ヒト種（ホモ・サピエンス）となる。

Answer 9 ■■■■

❹ 二酸化炭素

有機物質は炭素原子を分子骨格とする化合物の総称であるが、慣習上無機化合物とされるいくつかの例外がある。二酸化炭素もその 1 つだ。近年活発になっているアストロバイオロジー分野では、生命材料となり得る有機物質を宇宙空間に探す研究が進行している。

Answer 10 ■■■■

❹ 白亜紀末

生物種の大量絶滅は、古生代オルドビス紀末（O/S 境界；約 4 億 4400 万年前）、古生代デボン紀末（F/F 境界；約 3 億 7400 万年前）、古生代ペルム紀末（P/T 境界；約 2 億 5100 万年前）、中生代三畳紀末（T/J 境界；約 1 億 9960 万年前）、そして中生代白亜紀末（K/T 境界；6500 万年前）の 5 回あったと考えられている。

用語集

● あ行 ●

▶ 明るさの絶対値→絶対等級

▶ アレシボメッセージ
1974年11月16日に、プエルトリコのアレシボ天文台の305m巨大電波望遠鏡から、2万5000光年離れたヘルクレス座球状星団M13へ向け、2380MHzの振動数で約3分間にわたり、初めて電波メッセージが発信された。カール・セーガンらが中心となって作成したメッセージは、素数・DNA・人間・太陽系などを表す内容で、2進数を利用した絵で表した。

▶ インフレーション
時空の比較的ゆっくりとした膨張（ハッブル‐ルメートルの法則に沿う膨張）であるビッグバン膨張以前に起こった、時空の指数関数的な急膨張のこと。約10^{-44}秒の間に、時間と共に倍々ゲームのように急激に膨張した。またその時代をインフレーション宇宙と呼ぶ。

▶ 渦巻銀河
中心部に球状に星が分布するバルジと、その周囲に円盤状に星が分布する構造をもち、円盤内に渦巻構造が見られる銀河。その円盤部は正面から見ると円形状に見え、横から見ると板状に見える。なお、円盤部に渦巻が見られるが、バルジが棒状になっているものは棒渦巻銀河と呼ばれ、渦巻銀河と区別される。

▶ 宇宙の再電離
ビッグバンから約38万年後に起こった宇宙の晴れ上がりによって、それ以前は電離していた物質は、いったん中性状態になった。しかし、現在の銀河間物質はほぼ電離状態なので、ビッグバンから約2億年後ぐらいに誕生した初代の天体によって、物質は再び電離したと考えられている。これを宇宙の再電離と呼ぶ。

▶ Hα線
水素原子（H）の生じる波長656.3nmの吸収線や輝線。水素原子には、Hαの他にもHβ（486.1nm）、Hγ（434.0nm）…などがあり、これらはバルマー線と呼ばれる。

▶ エッジワース・カイパーベルト
海王星よりも遠くに、たくさんの小天体がベルト状に分布している領域。1950年前後にケネス・エッジワースとジェラルド・カイパーが提唱してから42年後の1992年に初めて天体が発見された。最近では、惑星の軌道面付近のベルト領域におさまらない天体も発見されてきたため、海王星より遠い天体をまとめて「太陽系外縁天体」と呼ぶことが多い。

▶ 遠日点・近日点
惑星は太陽を中心とした円軌道ではなく、太陽を1つの焦点とした楕円軌道を描いて公転している。そのため、惑星と太陽との間の距離は常に変化している。惑星の軌道上で、太陽から最も遠い位置を遠日点、最も近い点を近日点という。

▶ オールトの雲
オランダの天文学者ヤン・オールトが考えたのでこう呼ばれる。200年以上の長い周期で公転する彗星が、どこから来たのか調べたところ、数万天文単位もの遠くからやってくることがわかった。地球からあまりにも遠いため、オールトの雲にある彗星を直接見ることはできないが、彗星の軌道を計算することで、間接的にその存在がわかる。

▶ オズマ計画
1960年4月11日早朝、フランク・ドレークが、ウエストバージニア州グリーンバンクの26m電波望遠鏡を用いて、宇宙人からの通信を受けようと試みた。このとき、電波望遠鏡は太陽近傍にある太陽によく似た2つの恒星（エリダヌス座ε星、くじら座τ星）に向けられた。受信はできなかったが、このオズマ計画が、史上初めて実行された宇宙人探索計画である。

● か行 ●

▶ ガウス
磁力の強さを表す単位。赤道付近の地磁気の強さは約0.3ガウス、棒磁石は約2000ガウス。

褐色矮星

質量が太陽の0.08倍（木星の質量の80倍）以下であると、中心温度が1000万度まで上昇しないために、水素の核融合反応が安定して起こらない。このように、自らの核エネルギーで光り輝くことのできない天体を「褐色矮星」と呼ぶ。非常に低温の暗い天体である。この天体は誕生時に、1個の陽子と電子から構成される水素の同位体である重水素（1個の中性子、陽子、電子から構成される）の核融合が起こり、その後は、収縮による重力エネルギーによって輝くが、やがて重力エネルギーを使い果たすと、さらに低温の暗黒天体になってしまうと考えられている。

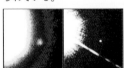

世界で最初に発見された褐色矮星グリーゼ229B。左右の画像の中央に写る小さな天体がグリーゼ229Bである。中心星の明るい光を隠す観測から、近くにあるより暗い、つまり軽い天体の褐色矮星が見つかった。©Caltech/NASA

還元大気と酸素大気

生命誕生前の原始地球の大気は、水素や窒素などを主成分とする還元的な大気であったという説がある。この説は生命誕生には好都合である。一方、還元的な気体の多くは光化学的に不安定であり、原始大気には二酸化炭素が豊富にあったという説もある。いずれにせよ酸素は現在と比べて、ほとんどなかった

と考えられている。生命が誕生し、二酸化炭素を酸素に変える光合成生物まで進化すると、大量に酸素大気ができると考えられる。

軌道長半径

惑星の楕円軌道は近日点と遠日点を結ぶ方向に長く伸びている（☞図表3-4）。この2点を結ぶ直線の半分の長さを軌道長半径という。平均距離とも呼ぶ。

逆行→順行

吸収線・輝線

太陽の光を長い虹に分けてみると、黒い線が現れる。ひとつひとつの線は、様々な元素が元素特有の波長の光を吸収するため暗くなっているもので、吸収線と呼ばれる。反対に、元素が元素特有の波長の光を放射して明るい線となっているものを輝線という。

太陽のスペクトル © 兵庫県立大学西はりま天文台

旧暦

旧暦（太陰太陽暦）は、1カ月を月の満ち欠けで定め、暦と季節のずれは閏月で調整する暦で、日本では明治初期まで使われていた。1カ月は、新月を月はじめの1日（朔日、ついたち）とし、次の新月の前日を月末（晦日、三十日とも書く）とする。新月から新月は29.5306（朔望月）なので、1カ月は大の月（30日）と小の月（29日）のいずれかになる。1年は12カ

月とするが、このままだと年初がずれていくので約3年に1度閏月を挿入する必要がある。閏月の入る年は1年が13カ月となる。

近日点→遠日点

クェーサー

銀河の中心核から非常に強い放射が出ているものを活動銀河中心核という。その活動銀河中心核のうち、最大級の放射の強さを示すものをクェーサーと呼ぶ。銀河形成の初期に見られると考えられている。

グレゴリオ暦

1年を365.2425日とする暦で、1582年にローマ教皇グレゴリオス13世が制定した暦。日本も含め世界の多くの国で現在使用されている。暦と季節のずれは閏日（2月29日）を挿入して1年を366日とする閏年を設けることで調整する。閏年は西暦が4で割り切れるときに設け、それ以外の年は2月は28日までで1年は365日である。ただし例外規定があって、100で割り切れる年には閏年とせず、そのうちの400で割り切れる年は閏年とする。現在の平均太陽年365.2422日との差は3300年で1日しかずれないという精度である。

原核生物

細胞内に核をもたない生物。遺伝情報を担うDNAは細胞内に散らばっている。

合

惑星が地球から見て太陽と同じ方向にあるときを合と

いう。このとき、外惑星は太陽の向こう側にあるが、内惑星は太陽の向こう側にある外合と、太陽の手前に来る内合がある。いずれのときも、太陽と同じ方向にあるため、惑星を見ることはできない。

▶ 光球
太陽を可視光（正確には500 nmの波長の光）で観測したときに、不透明になる場所のこと。厚さが約500 kmある太陽の表層領域。

▶ 光合成
植物細胞内の葉緑体では、光化学反応によって、光エネルギーを生体で使用する化学エネルギーに変換している。すなわち、光エネルギーを使って、水と二酸化炭素から、炭水化物を合成している。この生化学反応を光合成と呼ぶ。また光合成の過程で、副産物として酸素が生成され放出される。

▶ 降着円盤
原始星・白色矮星・中性子星・ブラックホールなどの中心天体の周りに、周囲から降り注いできたガスによって形成されたガス円盤の総称。原始星活動や激変星（白色矮星の場合）、X線連星（中性子星あるいはブラックホールの場合）、そして活動銀河（巨大ブラックホールの場合）など、宇宙における様々な活動現象の黒幕となっている。

▶ コロナ
太陽を取り巻く高温のプラズマガス。プラズマ状態にあるため太陽の磁場の影響を受

けて、筋状やループ状の構造として観測される。太陽表面の活動は磁場に支配されているので、コロナ中の磁場の観測は、太陽活動の研究には欠かせない。

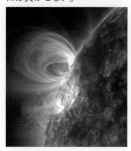

©SDO/NASA

▶ コロナホール
X線で見る太陽表面に、X線を放たず黒くなっている部分がある。ここをコロナホールと呼ぶ。コロナホールは太陽の磁場が開いた場所であり、300 km/sに及ぶ高速の太陽風の吹き出し口となっている（☞ p.30 プラスワン）コロナホールをX線で詳しく観測すると、直径数千kmの小さな輝点が多数見られる。これはX線輝点というコロナに浮上した磁気ループ構造である。

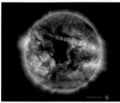

©NASA/SDO

さ行

▶ 彩層
太陽光球上空の高度約2000 km〜1万kmの領域。温度は光球上端（彩層の下端）の約4000 Kから

数万Kまで上昇して、さらに上空のコロナへ続く。様々な太陽表面現象が見られる。

▶ 三角測量
離れた2地点から同じ物体を見たときの視差を利用した距離の測り方を三角測量という。2地点間の距離は既知であることが前提で、縮尺図を書くか、三角関数を用いた計算で物体までの距離を求める。視差が小さいほど距離が遠い。

▶ 事象の地平面
地平面（ブラックホールの境界面）の彼方の事象（ものごと）は見えなくなるという意味で、ブラックホールの境界面を事象の地平面と呼ぶ。漢字では難しいイメージだが、英語ではイベント・ホライズンという日常用語をつなげたもの。

▶ 視直径
天体の見かけの直径を視直径といい、角度で表す。天体の実際の大きさが大きいほど、また地球からの距離が近いほど視直径は大きい。太陽、月の視直径はおよそ30′（0.5°）である。

▶ 周期彗星
太陽の周りを周期的に公転する彗星。公転周期は数年の短いものから数百年以上という長いものまで様々であるが、軌道が変化して二度と戻ってこないものもある。周期が200年より短い彗星を「短周期彗星」、それより長い彗星を「長周期彗星」という。

151

▶ **重力（万有引力）**
質量をもった物体がお互いに引き寄せ合う力のこと。重力の大きさは物体の質量の積に比例し、距離の2乗に反比例する。

▶ **順行・逆行・留**
惑星が星座の中を西から東へ毎日少しずつ移動するときを「順行」、東から西へ移動する時を「逆行」、順行から逆行、または逆行から順行に変わる時を「留」という。惑星の運動は、通常順行である。しかし、惑星の公転のスピードは、太陽に近い惑星ほど速い。そのため、水星・金星は地球を定期的に追い越し、地球は火星、木星、土星などの外惑星を定期的に追い越す。そのとき、惑星の運動は逆行となる。

▶ **衝**
外惑星が地球をはさんで太陽と正反対の位置にあるときを衝という。

▶ **焦点**
楕円軌道は近日点と遠日点を結ぶ方向に長く伸びておりこれを長軸という（☞図表3-4）。太陽は長軸上にあるが、その中心には位置しない。太陽の位置を焦点と呼び、長軸の中心に対して太陽とは対称の位置にもう1つの焦点がある。楕円上の任意の点から2つの焦点まで引いた線分の長さの和は常に一定となる性質がある。図表3-4を例とすると、線分 S'B+SB=S'D+SD と表せる。

▶ **真核生物**
細胞内に核をもつ生物。DNAは細胞核内で保護されている。

▶ **シンクロトロン放射**
磁場のある領域で電子などの荷電粒子が高速で運動すると、磁力線に巻きつくような運動を起こし、その際に、荷電粒子と磁場の相互作用で電磁波が放射される。このメカニズムで放射される電磁放射をシンクロトロン放射と呼ぶ。

▶ **新星と超新星**
新星と超新星は、これまで見えなかった星が突然明るくなることから、「新しい星」という意味でこのような名前がつけられているが、その実体は全く異なる現象である。超新星は星が死を迎えたときの大爆発である。これに対して、新星は、連星系をつくる白色矮星に、他方の星からはぎ取られて降り積もったガスが、一時的に核融合反応を起こして明るくなる爆発現象である。したがって、新星の中には、くり返して明るくなるものもある。新星爆発のエネルギーは超新星爆発のエネルギーの10万分の1程度である。

▶ **スイングバイ**
天体の重力と公転速度を利用して、探査機の飛行方向を変えるとともに、加速あるいは減速する方法。

▶ **スーパーアース**
系外惑星の探査が進むと、地球の数倍程度の質量をも

つ惑星も見つかり始めた。そのような系外惑星をスーパーアースと呼ぶ。

▶ **ステファン・ボルツマンの法則**
黒体放射（熱放射）する物体が単位時間に放射するエネルギー（光エネルギー）の量は、物体の表面温度の4乗と物体の表面積の積に比例するという法則。したがって、半径が r で表面温度が T の星の場合、星が黒体放射を放射していると仮定すると、星の光度 L は $L=4\pi r^2\sigma T^4$ で表される。ここで σ は定数で、ステファン・ボルツマンの定数と呼ばれる。

▶ **西矩→東矩**

▶ **青色超巨星**
太陽の数十倍の質量をもつ星は、非常に巨大（超巨星）で、表面温度も高い（青白い）ため、青色超巨星と呼ばれる。

▶ **星団と星落（アソシエーション）**
多数の星が狭い領域に存在し、重力的に結びついているものを星団という。数十～数百個程度の星の集団を散開星団、数万～数十万個の星の大集団を球状星団という。星落（アソシエーション）は、十～百個程度の若い星が比較的広い範囲に存在しているもので、星同士の重力的な結びつきは弱い。いずれにせよ、同じガスから、ほぼ同時に生まれた星の集団である。

セイファート銀河

銀河の中心核から非常に強い放射が出ているものを活動銀河中心核という。その活動銀河中心核を宿す銀河の一種が、セイファート銀河である。クェーサーに比べると、活動銀河中心核からの放射の強さは、ずっと弱い。しかし、近傍の銀河の多くに見られるものである。

西方最大離角→東方最大離角

絶対等級

モノの明るさは、距離の2乗に反比例する。距離が2倍遠く離れると、4分の1、3倍離れると9分の1、10倍離れると100分の1となる。つまり、見かけの明るさでは、星本来の明るさはわからない。そこで、本当の明るさを知るために、星を10パーセク（32.6光年）の距離においたときにどういう明るさ（等級）になるかを求める。これが、星の明るさの絶対値となる絶対等級である。

双極磁場

棒磁石にせよ馬蹄形磁石にせよ、磁場は常にN極とS極が対で存在するが、棒磁石のようにN極とS極が対称に位置して磁力線がきれいな弧を描く磁場を双極磁場と呼ぶ。地球磁場も双極磁場になっている。

た行

太陽圏

太陽磁場の影響や太陽風の及ぶ太陽系の範囲。少なくとも太陽から150億km（100天文単位）のところまでがその範囲と考えられる。

太陽質量

太陽の質量（＝ 2×10^{30} kg）を単位とする質量。「10太陽質量のブラックホール」は「太陽の10倍の質量をもつブラックホール」を意味する。

太陽定数

地球軌道で太陽に垂直な面に入射する太陽エネルギーの量。毎分1 cm^2 あたり2カロリーになる。SI単位系に換算すると1 m^2 あたり1.4 kWになる。

太陽風

太陽から吹き出してくる電気を帯びた粒子（プラズマ）の流れ。主に水素やヘリウムの原子核や電子からなる。

太陽面通過

原始太陽系円盤から一緒に誕生した惑星は、太陽を中心にしてみなほぼ同じ平面上を公転している。そのために起きる現象がある。地球よりも太陽に近い水星・金星は、ときどき地球から見ると太陽と重なって見えることがあるのだ。つまり、太陽の前を横切っていく。これを太陽面通過という。厳密には完全に同じ平面上を公転しているわけではないので、頻繁には起きない。

金星の太陽面通過 © 国立天文台

楕円銀河

銀河を構成する星が球状、もしくは楕円体状に分布する銀河で、地球から見ると真円のように見えるものから、かなり扁平に見えるものまである。一番扁平なものは、長軸と短軸比が1:0.3になる。完全に球形であれば真円に見えるが、真円に見えたとしても、完全球形かどうかはわからない。渦巻銀河との大きな違いは円盤成分をもたないことである。

直接撮像法

系外惑星は、明るい恒星のごく近くにある暗い天体である。したがって、その姿をとらえるためには、そばにある明るい恒星からの光が邪魔となる。そこで、明るい恒星からの光を遮って、いわば人工日食を起こせば、近くの惑星を見ることができる。このような方法を使って系外惑星をとらえるのが直接撮像法である。

天文単位 (astronomical unit)

太陽-地球間の平均距離を1とする長さの単位。1天文単位は約1億4960万km。記号ではauと表記する。主に太陽系内の距離に使うことが多い。

電離

通常の物質をつくる原子や分子は、プラスの電気をもつ原子核と、マイナスの電子をもつ電子によって構成されるが、放射エネルギーや運動エネルギーを得て、電子が放出されることがある。この現象を電離という。星間空間では、輝線星雲や惑星状星雲などのガス

は電離している。また、完全電離のガスをプラズマ、放出された電子を自由電子と呼ぶ。

▶ 同位体

原子は原子核と電子から構成されている。原子核はさらに陽子と中性子からなる。同じ元素でも中性子の数が異なる原子があり、それらを同位体（アイソトープ）という。例えば、酸素は陽子の数は 8 個だが、中性子の数が 8、9、10 個つまり質量数が 16、17、18 の同位体が存在する。地球では酸素 16 の存在比が 99 ％と最も多い。中性子の数が異なっても、同位体の化学的性質はほとんど変わらない。

▶ 東矩（西矩）

地球から見たときに外惑星が太陽から東側に 90° 離れて見えるときを東矩、西側に 90° 離れて見える時を西矩という。外惑星は東矩の頃は夕方に南中し、西矩の頃は明け方に南中する。

▶ 東方（西方）最大離角

最大離角とは、地球から見て内惑星が太陽から最も離れたときのことをいう。太陽に対して東に最も離れたときを東方最大離角といい、日の入後の西の空で内惑星が見える。太陽に対して西に最も離れたときを西方最大離角といい、日の出前の東の空で内惑星が見える。水星の最大離角は約 18°〜27°、金星は約 45°〜47°の範囲で変化する。最大離角の頃の内惑星は、太陽光が真横から当たって見えるので半月状に欠けている。

▶ ドップラー法

光は電磁波と呼ばれる一種の波なので、光源が観測者に近づくときには光源から発した光の波長は短くなり、遠ざかると、波長は長くなる。これを（光の）ドップラー効果と呼ぶ。惑星が親星の周りを公転運動すると、親星も惑星との共通重心の周りをわずかに公転する。このわずかな公転運動を、ドップラー効果を利用してとらえることで系外惑星を探査する方法をドップラー法、もしくは視線速度法とも呼ぶ。

▶ トランジット法

系外惑星が恒星の前面を通過する際にわずかに暗くなる減光を観測して系外惑星を検出する方法。減光の割合や減光時間から惑星の大きさなどが求められる。小型望遠鏡でも観測可能なため、世界中で多くの探査観測がなされている。

● は行 ●

▶ パーセク（parsec）

宇宙での距離の単位で、1 パーセクは 3.26 光年。記号では pc と表記する。

▶ バイオマーカー

地球大気中の酸素（やオゾン）は、光合成生物がつくり出したものだ。系外惑星の大気を調べて、そのスペクトル中にオゾンの吸収線が見つかれば、生命が存在する徴と見なすことができるだろう。バイオマーカーと呼ぶ。

▶ 白色光と単色光

赤から紫までの可視光すべてが合わさった光を白色光という。太陽光は白色光で、プリズムなどによって虹のスペクトルに分解できる。これに対してレーザー光などは特定の波長の光だけからなり、これを単色光と呼ぶ。

▶ 白色矮星

白色矮星は、質量が太陽の 8 倍以下の恒星が死を迎えるとき、中心部に残される天体である。表面温度はおよそ 1 万 K で、星の色としては白色である。質量が太陽質量程度であるにもかかわらず、半径は太陽のおよそ 100 分の 1（地球程度）の大きさである。白色で非常に小さな星という意味で「白色矮星」と呼ばれる。白色矮星は、1cm^3（角砂糖 1 個くらいの大きさ）あたりの質量がおよそ 1t（乗用車 1 台分くらいの質量）の超高密度の天体である。内部で核融合反応は起こっておらず、内部に蓄えられた熱によって輝いている。超高密度のため内部の熱はなかなか冷めず、数十億年の間、輝いていることができる。

▶ はくちょう座 X-1

最も有名なブラックホール天体が、はくちょう座で強い X 線を放っている、はくちょう座 X-1 である。1971 年にはくちょう座 X-1 が発見されたとき、非常に強い X 線を放射している天体の位置には、9 等星の青い星 HD226868 が存在していた。光の分析から、この星が光では見えない別の天体と 5.6 日の周期でお互いの周り

を回っていることが判明した。HD226868自体は、その特徴から太陽の約30倍の質量をもっていると推測され、見えない天体の質量は太陽の約10倍だと見積もられた。質量の大きさ、光では見えないこと、X線の強さが1000分の1秒くらいの非常に短い時間で変動していること、その他、様々な証拠から、はくちょう座X-1は、太陽の約10倍の質量をもつブラックホールだと認定されている。

© 大阪教育大学

▶ ハビタブルゾーン（生命居住可能領域）

惑星上で水が液体として存在できる、親星からの距離の範囲を、（星の周りの）生命居住可能領域と呼ぶ。恒星周辺の惑星で、親星に近いと熱すぎ、遠いと寒すぎるので、生命が存在できない。ただし、ハビタブルゾーンの厳密な定義があるわけではなく、温室効果の影響なども考慮する必要がある。さらに、ガス惑星のまわりの衛星のハビタブルゾーンなども考えられている。

▶ 光の波長

光は電磁波の一種で波の性質をもつ。この波形の最小単位の長さを波長という。電磁波は波長域ごとに短い

方から ガンマ線・X線・紫外線・可視光線・赤外線・電波と呼ばれる。我々人間が目に感じる、波長がおよそ400 nmの紫から700 nmの赤までの光を可視光という。

▶ ビッグバン

宇宙誕生時の超高温で超高圧、超高密度の火の玉状態を指す。さらにそのような火の玉状態で始まった宇宙をビッグバン宇宙と呼ぶ。ジョージ・ガモフ（1904～1968）が1946年頃に提唱した。

▶ フォンノイマンマシン

もう少し科学技術が進めば、機械的なロボット（マシン）が、自分の設計図をもとに自分自身と全く同じロボットを作ることが可能になるだろう。そのような自己複製するマシンを提唱者フォン・ノイマンにちなんで、フォンノイマンマシンと呼ぶ。太陽光などのエネルギーで動くフォンノイマンマシンは生物なのだろうか？

▶ フライバイ

天体のそばを高速で通り過ぎること。2006年1月19日に打ち上げられた冥王星探査衛星ニューホライズンズは、2007年2月28日に木星でスイングバイして加速した後、2015年7月14日に冥王星をフライバイした。

▶ プラズマ

原子核と電子が結びついた中性状態の気体に対して、電子が原子から電離した状態の気体。電離気体とかプラズマガスとも呼ぶ。水素ガスの場合、約4000 Kでプラズマになる。

▶ 分子雲

水素ガスのほとんどが水素分子になっている星間雲。分子雲では、水素分子以外の色々な分子も観測されることが多い。

▶ 放射線

放射線とは、電磁波（ガンマ線、X線、紫外線）と粒子線（α線、β線、中性子、陽子）を合わせた総称である。

▶ ホットジュピター

ペガスス座51番星で見つかった系外惑星は、親星からわずか700万kmしか離れていない軌道を公転している木星の約半分の質量の巨大ガス惑星だった。親星に近いと、親星に照らされて高温状態になっていると想像されるため、このようなタイプの系外惑星をホットジュピター（灼熱木星）と呼ぶ。また同様に、親星の近くを回っている海王星程度の質量をもつ系外惑星をホットネプチューン（灼熱海王星）と呼ぶ。

▶ ホモキラリティー

3次元の物体が鏡像対称性をもつ性質をキラリティー（掌性）と呼ぶ。ギリシャ語の手が語源。アミノ酸などのように、キラリティーをもつ分子をキラル分子という。L型アミノ酸のよう

に、キラル分子のうち、片方の鏡像異性体だけに偏っていることを、ホモキラリティーと呼んでいる。

ま行

▶ モルニア軌道

人工衛星の軌道の1つで、近地点高度500 km、遠地点高度4万km、軌道傾斜角63°、軌道周期12時間とする楕円軌道。この軌道をとる衛星をモルニア衛星と呼ぶ。全土が高緯度地域であるロシアの天頂付近に常時衛星を配置するために考案された軌道で、数機の衛星を、間隔をあけて配置することで、常に天頂付近で衛星を利用することができる。

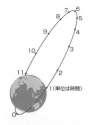

や行

▶ 有機物質

炭素原子を分子構造の中心とする有機化合物を主体とする物質。なお、炭素原子を含む物質でも、一酸化炭素や二酸化炭素やダイヤモンドは無機化合物に分類される。

▶ ゆらぎ

空間や時間をある範囲に限定したとして、その場所で、あるいは、その時間で、ある物理量が一定の値と思っても、完全には一定の値になりきらず、わずかな増減を不規則に繰り返す。これを「ゆらぎ」という。その値を乱すどんな要因を取り除いたとしても、自然界には不可避な「ゆらぎ」が存在する。これは自然のもつ性質だと考えられている。宇宙も、ある種のゆらぎが偶然成長し、生まれ出たものではないか、と考えられている。

▶ ユリウス暦

古代ローマで使われていた太陽暦（ユリウス暦）で、1年を365.25日とする暦。季節と暦のずれは4年に一度閏日を挿入することで調整する。当時は年初（1月1日）を春分の頃（現在の3月）においていたので閏日は年末に挿入され、その名残が現在も2月に閏日が挿入される形で残っている。

ら行

▶ （地球—月系の）ラグランジュ点

地球と月の近傍の空間に置かれて、地球や月とともに地球の周りを回転している物体には、地球からの重力と月からの重力の他、回転に伴う遠心力が働く。地球の近くでは地球の重力が優るし、月の近くでは月の重力が優っている。また地球と月の両方から離れた場所では、遠心力が優ることになる。その結果、地球—月系の周りの空間には、地球の重力、月の重力、そして回転の遠心力の3つの力の釣り合った、力学的な平衡点が5つ存在する。それらの平衡点をフランスの数学者／天文学者ジョセフ・ルイ・ラグランジュ（1736～1813）にちなんで、ラグランジュ点と呼ぶ。L1からL5までである。地球—月系のラグランジュ点のうち、月軌道上のL4やL5は、スペースコロニーを置くのに適している。

▶ 留→順行

わ行

▶ ワームホール

ブラックホールといえば、すぐ出てくるのが、ホワイトホールとワームホールだろう。「ホワイトホール」は、ブラックホールの時空構造を時間反転したような天体で、原因と結果の間に成り立つ因果律を破ることなどから、現実の宇宙には存在しないと考えられている。ブラックホールが時間的な一方通行の境界をもつ時空構造なのに対し、「ワームホール」は空間的な連結構造をもつ天体で、理論的には存在可能だとされているが、まだ観測的な検証はない。

▶ 惑星質量天体（浮遊惑星）

褐色矮星よりもさらに軽く、暗い天体。惑星と同じような質量をもつが、親星となる恒星の周りを周回せずに単独で存在する天体である。従来の分類では褐色矮星にも惑星にも当てはまらず、まだ統一的な呼び名は決まっていない。星が誕生する領域（図表4-5）で多数見つかってきているが、その詳しい正体は謎だらけだ。

執筆者一覧 (五十音順)

大朝由美子 .... 4、10 章担当　　埼玉大学教育学部／大学院理工学研究科天文学研究室准教授
株本訓久 .... 8 章担当　　　　武庫川女子大学生活環境学部准教授
沢　武文 .... 5 章担当　　　　愛知教育大学名誉教授
富田晃彦 .... 7 章担当　　　　和歌山大学教職大学院教授
福江　純 .... 1、10 章担当　　大阪教育大学名誉教授
政田洋平 .... 2 章担当　　　　福岡大学理学部准教授
松村雅文 .... 6 章担当　　　　香川大学教育学部教授
室井恭子 .... 3 章担当　　　　元国立天文台天文情報センター広報普及員
吉冨　進 .... 9 章担当　　　　（一財）日本宇宙フォーラム特別顧問・宇宙政策調査研究センターフェロー
株式会社フォトクロス／アストロ・アカデミア .....各章中扉・冒頭グラビア担当

監修委員 (五十音順)

池内　了 .... 総合研究大学院大学名誉教授
黒田武彦 .... 元兵庫県立大学教授・元西はりま天文台公園園長
佐藤勝彦 .... 東京大学名誉教授・明星大学客員教授
沢　武文 .... 愛知教育大学名誉教授
柴田一成 .... 京都大学名誉教授・同志社大学客員教授
土井隆雄 .... 京都大学特定教授
福江　純 .... 大阪教育大学名誉教授
松井孝典 .... 千葉工業大学学長・東京大学名誉教授
吉川　真 .... 宇宙航空研究開発機構准教授・はやぶさ2 ミッションマネージャ

図表 7-1 M 49 ／図表 7-2 M 74 ／図表 7-3 M 95 ／図表 7-4 NGC 4251 ／図表 7-5 M 31 area ／図表 7-7 NGC 520 ／図表 7-8 M87, M86, NGC 4623, M 85, M 104, M 88, M 99, NGC 2983, M 91, M 109 ／図表 7-11 M 33 ／図表 7-12 NGC 6822 ／図表 7-13 M 81-M 82-NGC 3077 area ／図表 7-14 M 65-M 66-NGC 3628 area ／7 章コラム図表 NGC 4038/4039、NGC 4676

これらは、DSS（Digitized Sky Survey ディジタイズド・スカイ・サーベイ）のウェブ・サイトを活用した。図のキャプションあるいは本文中の説明に DSS と記してある。DSS は宇宙望遠鏡科学研究所（STScI; Space Telescope Science Institute; http://www.stsci.edu/）が運営している。D33 画像のうち、POSS-I リリーハイと呼ばれるサーベイによる画像を利用した。これらの画像はパロマー天文台と宇宙望遠鏡科学研究所が版権を持っている。国立天文台が DSS のミラー・サイトを持っている（http://dss.nao.ac.jp/）。この国立天文台のサイトでは、DSS Wide-Field（広視野）というサービスも提供している。本書で DSS-Wide と記した図表 7-5、7-13、7-14 は、このサービスも利用して得た画像である。

Use of this Starfield image reproduced from the Digitized Sky Survey © AURA is courtesy of the Palomar Observatory and Digitized Sky Survey created by the Space Telescope Science Institute, operated by AURA, INC. for NASA and is reproduced here with the permission from AURA/STScI.

図表 7-18：Humason M. 1936 The Astrophysical Journal 83, 10, plate III を改変。

版 権 所 有
検 印 省 略

天文宇宙検定 公式テキスト 2023〜2024 年版
2 級 銀河博士

天文宇宙検定委員会 編

2023 年 3 月 8 日 初版 1 刷発行
2024 年 9 月 18 日 第 2 刷発行

発行者 片岡 一成
印刷・製本 中央精版印刷株式会社
発行所 株式会社恒星社厚生閣
〒 160-0008
東京都新宿区四谷三栄町 3 番 14 号
TEL 03（3359）7371（代）
FAX 03（3359）7375
http://www.kouseisha.com/
http://www.astro-test.org/

ISBN978-4-7699-1692-5 C1044

（定価はカバーに表示）